工业机器人智能工作站实训教程
——西门子 S7-1200 PLC 应用篇

主　编　王文斌　王振华
副主编　陈　伟　卢　山　龚　涛

机 械 工 业 出 版 社

本书为满足高等职业院校培养电气自动化技术应用型人才的需要而编写。全书从PLC的实际应用出发，结合职业教育的特点，突出PLC应用能力的培养和提高，主要内容包括：绪论、西门子S7-1200 PLC编程准备、直流电动机驱动同步带模块编程实训、交流电动机驱动链传动模块编程实训、三坐标机器人位置运动控制编程实训、工业相机工件识别编程实训、PLC控制ABB机器人运行实训、工业机器人智能工作站综合编程实训。

本书可作为高职高专院校和应用型本科院校智能制造类、机电类及相关专业的教材，也可作为电气自动化工程技术人员的参考用书。

图书在版编目（CIP）数据

工业机器人智能工作站实训教程：西门子S7-1200 PLC应用篇/王文斌，王振华主编. —北京：机械工业出版社，2021.11（2024.7重印）
ISBN 978-7-111-69725-1

Ⅰ.①工… Ⅱ.①王… ②王… Ⅲ.①PLC技术–教材 Ⅳ.①TB4

中国版本图书馆CIP数据核字（2021）第250038号

机械工业出版社（北京市百万庄大街22号　邮政编码100037）
策划编辑：王振国　　　　　　责任编辑：王振国　侯宪国
责任校对：史静怡　张　薇　　封面设计：马若濛
责任印制：单爱军
北京虎彩文化传播有限公司印刷
2024年7月第1版第6次印刷
184mm×260mm · 10.5印张 · 235千字
标准书号：ISBN 978-7-111-69725-1
定价：49.80元

电话服务　　　　　　　　　　网络服务

客服电话：010-88361066　　机　工　官　网：www.cmpbook.com
　　　　　010-88379833　　机　工　官　博：weibo.com/cmp1952
　　　　　010-68326294　　金　书　网：www.golden-book.com
封底无防伪标均为盗版　机工教育服务网：www.cmpedu.com

前　言

　　PLC 是高职高专智能制造、机电一体化以及电气自动化等相关专业的必修内容。本书采用了市场上最常见的西门子 S7-1200 PLC 进行介绍。西门子 S7-1200 PLC 作为中小型 PLC，在硬件配置和软件编程方面都具有很大的优势。本书以实际应用案例为抓手，在突出应用能力和素质培养的课程标准体系基础之上，着重讲授了 PLC 在智能制造生产线上的典型应用。本书是为了培养应用型人才而编写的具有针对性和实用性的教材，既可作为高职高专院校和应用型本科院校智能制造类、机电类及相关专业的教材，也可作为电气自动化工程技术人员的参考用书。

　　全书共分 8 个模块，主要内容介绍如下：

　　模块 1，绪论，主要介绍了实训平台的基本概念和组成。

　　模块 2，西门子 S7-1200 PLC 编程准备，集中介绍了博途软件项目创建、硬态组件的设置和以太网地址分配，并对触摸屏控制界面进行了简要介绍。

　　模块 3，直流电动机驱动同步带模块编程实训，介绍了直流电动机模块的基本组成和控制要求，模拟量的输出和 PLC 指令，以及触摸屏程序编写和调试。

　　模块 4，交流电动机驱动链传动模块编程实训，介绍了三相异步交流电动机变频器模块的基本组成和调速方法，通过模拟量来控制变频器输出频率的方法，利用触摸屏的全局变量编写触摸屏的画面，完成变频器模拟量调速的 PLC 程序编写和调试。

　　模块 5，三坐标机器人位置运动控制编程实训，介绍了三坐标机器人的位置运动控制的基本组成，三坐标机器人复位与点动，硬件和软件的限位开关，以及步进电动机的选型。通过对 S7-1200 PLC 指令的介绍，来控制三维移动平台的联动，寻找各轴的绝对零点位置，利用触摸屏的全局变量编写触摸屏的画面并进行 PLC 程序的编写和调试，实现运动控制组态，并通过项目化的总结，完成三坐标机器人对智能音箱零部件的出库和成品的入库。

　　模块 6，工业相机工件识别编程实训，基于 PLC 和相机的工件位置识别和工件颜色识别实训，介绍了康耐视 IS 2000 系列相机的硬件组成及相机的连接和网络的基础知识，并通过对相机的配置来完成工件识别任务；介绍了触摸屏全局变量分析，触摸屏的编程以及 PLC 程序的编写和调试。基于 PLC 和相机的工件定位信息识别实训，介绍了工业相机的配置和使用方法；介绍了实训平台项目，触摸屏全局变量分析，触摸屏的编程以及 PLC 程序的编写和调试。

　　模块 7，PLC 控制 ABB 机器人运行实训，介绍了机器人搬运与装配工艺流程，触摸屏界面的设计及 PLC 程序的编写和调试。

模块 8，工业机器人智能工作站综合编程实训，介绍了工作站系统的联调及 PLC 程序的编写和调试。通过启动按键来实现对直角坐标机器人 X、Y 和 Z 轴的自动出库、相机拍照及自动入库流程，完成触摸屏的编程及 PLC 程序的编写和调试。

本书由深圳职业技术学院王文斌和汇博机器人技术有限公司王振华任主编，深圳职业技术学院陈伟、卢山和龚涛任副主编，参与编写的人员有深圳职业技术学院张亮、李晓琳、王志荣和张欣。

本书得到了南京航空航天大学赵淳生院士和苏州大学孙立宁教授的悉心指导，在此致以诚挚的谢意！

由于编者水平有限，加上时间仓促，书中的不足之处在所难免，恳请读者批评指正。

编　者

目　录

模块 1 绪 论

1.1 实训平台背景简介

智能制造是基于新一代信息通信技术与先进制造技术深度融合，贯穿于设计、生产、管理、服务等制造活动的各个环节，具有自感知、自学习、自决策、自执行和自适应等功能的新型生产方式。加快发展智能制造，是培育我国经济增长新动能的必由之路，是抢占未来经济和科技发展制高点的战略选择，对推动我国制造业供给侧结构性改革，打造我国制造业竞争新优势，实现制造强国目标具有重要战略意义。

为了更好地推动机电一体化相关专业在人才培养方面向智能制造倾斜，针对人才培养目标、课程体系、教学条件、考核评价、师资队伍建设上的改革，使职业院校适应先进制造业的发展需要的实习实训条件，我们开发了智能柔性的机电一体化设备（实训平台），从典型到普惠，以达到以实验促教学的目的。

1.2 实训平台整体结构

如图 1-1 和图 1-2 所示，本实训平台以实际生产应用的智能音箱装配工艺为背景，通过各个智能制造单元完成零部件出库、三坐标机器人（直角坐标机器人的一种）取件和输送；以智能制造技术应用为核心，以零部件的储存、取件、传输、检测、组装和入库的智能化为背景，顺序完成三坐标机器人的取件工序、零部件的链传动输送工序、视觉检测工序、机器人抓取工序、零部件装配工序、入库带传动工序，实现装备制造和机电一体化专业多技术融合。该平台集成了智能立体仓储、工业机器人、智能检测、人机交互、人脸识别和智能装配等模块，利用物联网和工业以太网实现信息互联，融入平台系统实现数据采集与可视化，实现了智能音箱装配过程自动化，并实现了生产制造的全程可追溯，便于师生对自己的学习和考核过程进行客观公正的评价。

总控单元是整个实训平台的心脏和大脑。实训平台桌面下方的电源依次控制不同的电源模块，为实训平台各个模块的工作提供动力。西门子的 PLC 和工业级网络交换机，采用 PROFINET、Modbus RTU 和 TCP/IP 等网络架构，与各个模块进行通信，控制各个模块的正常运行。选择实际应用广泛的典型设备与组件，将仓储、识别、检测和装配等模块通过系统

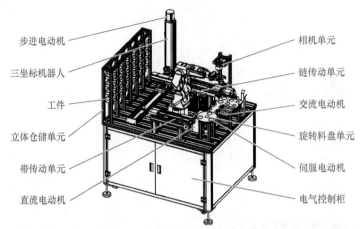

图 1-1　S7-1200 PLC 实训平台各组成单元分布

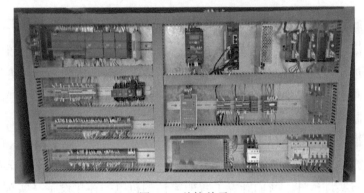

图 1-2　总控单元

集成设计手段实现整合，围绕智能制造技术纵向集成要求，利用灵活的布局组合方式和控制结构，组合成为平台的系统构型，实现智能制造技术纵向集成的应用平台。总控单元布局如图 1-3 所示。

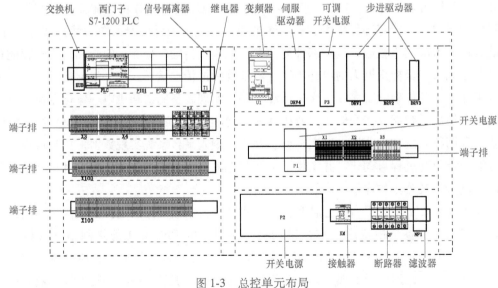

图 1-3　总控单元布局

本实训平台所用的元器件如下：

1）步进驱动器：将单相脉冲信号转化为多相电流驱动的驱动组件，用于驱动步进电动机。

2）开关电源：将220V交流电转化为24V直流电，用来给电动机启动器及工业传感器供电。

3）断路器：控制系统的总电源开关，并提供漏电保护。

4）滤波器：对供电电源产生的噪声进行滤波，使信号中特定的频率成分通过，而极大地衰减其他频率成分。

5）交流接触器：用低压直流电控制高压交流电通断的快速开关器件，用于通过控制柜前面板的按钮控制220V供电的通断。

6）端子排：电器元件连接的转接端子。

7）变频器：根据设定将220V供电转换为不同频率的驱动电流，用于驱动交流电动机转动，驱动电流的不同频率对应不同的电动机转速。

8）交换机：局域网中连接的设备进行信息交互的中转站。

9）西门子S7-1200 PLC：用于自动化控制的可编程序逻辑控制器（PLC）。

10）伺服驱动器：根据输入的控制指令（一般为脉冲形式）和通过光电码盘反馈的电动机转速等信息，产生时变驱动电流，用于驱动伺服电动机。

11）继电器：用一个信号去控制另一个信号通断的装置，可以实现控制信号和被控信号物理隔离。

12）可调开关电源：输出直流电压可以调节的开关电源。

13）信号隔离器：将输入信号和输出信号进行物理隔离，使得前后系统物理独立，避免后级反向干扰。

1.3　硬件单元组成介绍

（1）立体仓储单元　数字化立体仓库设计为4层4列的高层货架，用托盘储存货物，可以通过三坐标位移平台将放置物料的托盘拖出料仓。图1-4所示为立体仓储单元。

（2）输送单元　输送单元是立体仓库的主要外围设备，负责将零部件从立体仓库移走或者将装配件运送到立体仓库。输送机种类非常多，常见的有辊道输送机、链条输送机、升降台、分配车、提升机、传送带输送机等。本实训平台选择了典型的链传动和带传动，用于将物品从仓储单元输送到检测单元。图1-5所示为输送单元。

（3）检测单元　工件在检测单元位置停留，利用相机以及光源组件可以完成对工件颜色、形状和缺陷的分析。检测单元主要用于对待装配工件的颜色、形状、几何中心、缺陷等进行检测，获取所

图1-4　立体仓储单元

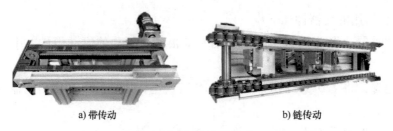

a) 带传动   b) 链传动

图 1-5 输送单元

需要的数据，并进行工件分类。本实训平台采用康耐视 IS2000 系列相机，安装在流水线正上方，对下方的工件进行拍照识别，然后由 PLC 读取数据结果并进行分析。图 1-6所示为检测单元。

（4）机器人工作单元 本实训平台使用的是 ABB 串联关节型工业机器人，机器人具有6 个自由度，工作范围为 580mm，额定负载为 3kg（垂直腕为 4kg），可重复定位精度为10μm。为了实现工业机器人末端工具自动更换，设计了工具快换装置并使所需气路自动导通，利用定位卡槽保持工具位置不变。本实训平台利用 ABB 机器人实现对智能音箱零部件的抓取、装配和搬运功能。图 1-7 所示为机器人工作单元。

图 1-6 检测单元

图 1-7 机器人工作单元

（5）装配单元 装配单元由定位模组、工件摆放模组组成。机器人将检测完成的工件放置在工件摆放模组，按照工件的装配顺序，依次将工件放置在定位模组工位上，依次处理完成后，机器人实现工件的组装。图 1-8 所示为装配单元。

（6）分拣单元 分拣单元由工件分拣模组、托盘分拣模组组成。工业机器人搬运工件到工件分拣模组，伺服电动机将成品旋转到传送带传送起始位置。工业机器人将成品或次品搬运到传送带上，传送带将成品或次品传动到三坐标位移平台，三坐标位移平台可以将成品送至成品仓库，次品送至次品仓库。三坐标位移平台将输送单元的物料盒整齐地搬运到指定的物料收集位置。图 1-9 所示为分拣单元。

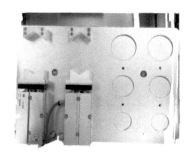

图 1-8　装配单元

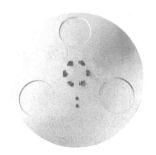

图 1-9　分拣单元

（7）工具快换单元　工具快换单元是为了提高智能装配生产线的操作效率而设计的。其采用机械手快换装置，具有结构简单、定位精确可靠、装拆和更换机器人手爪单元方便等优点，大大缩短了工具的更换时间，提高了生产效率。图 1-10 所示为工具快换单元。

通过使机器人自动更换不同的末端执行器或外围设备，使机器人的应用更具柔性。可直接将不同的机器人工具安装到机器人末端执行器上。机器人工具快换单元的优点如下：

1）快换单元可以在数秒内完成更换。

2）维护简便，大大降低了停工时间。

3）通过在应用中使用多个末端执行器，使设备更具柔性。使用自动交换单一功能的末端执行器，代替原有笨重复杂的工装执行器。

（8）三坐标位移平台单元　三坐标位移平台单元是在三维空间自由移动的正交机构。其组成部分包含正交运动轴、轴驱动系统、控制系统、终端执行机构，具有行程范围大、组合能力强、结构简单、定位精确可靠、装拆和更换方便等优点。在本实训平台上，三坐标位移平台单元实现了对存储在立体仓库的零部件进行出库，以及将装配和检测合格或不合格的产品入库到立体仓库的功能。图 1-11 所示为三坐标位移平台单元。

图 1-10　工具快换单元

图 1-11　三坐标位移平台单元

（9）总控单元　总控单元是整个实训平台的心脏和大脑。接通电源，为实训平台各个模块的工作提供动力。西门子的 PLC 和工业级网络交换机与各个模块进行通信，控制各个模块的正常运行。图 1-2 所示为总控单元。

1.4 实训平台基本操作流程

首先，开启空气压缩机（简称空压机），向上推动断路器，接通电源，分别将 PLC 和机器人进行复位启动，启动系统。实训结束，结束相应课程训练。同时，在显示屏上，设置有急停按钮，如遇紧急情况，可实现设备快速断电。

1.4.1 实训平台开机

（1）准备 将气路气泵的电源接通，并将气路气泵的红色开关逆时针旋转 90° 至水平状态。气泵的开启步骤如图 1-12 所示。

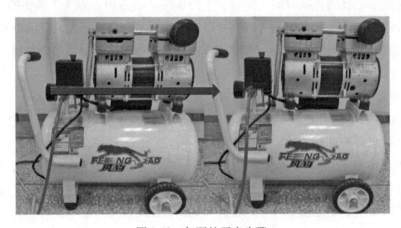

图 1-12 气泵的开启步骤

打开电气控制柜，首先把配电单元的总断路器向上拨到"ON"状态，然后再将机器人断路器向上拨到"ON"状态。总断路器和机器人断路器的开启步骤如图 1-13 所示。

按照表 1-1 进行智能音箱零部件的放置。

表 1-1 智能音箱零部件的放置位置

	第四列	第三列	第二列	第一列
第四行			芯体	底座
第三行			底座	顶盖
第二行			顶盖	芯体
第一行		顶盖	芯体	底座

注意：流水线上面不能有托盘或零部件等物品，否则影响传感器的信号；如果触摸屏按钮在按下状态，则顺时针旋转，取消急停状态。

（2）PLC 启动 如图 1-14 所示，在触摸屏面板上按下启动按钮，绿色指示灯常亮；下方 PLC 的第一个状态灯是绿色时（非黄色），代表 PLC 启动成功。在触摸屏上单击"Start"

按钮，进入工业机器人智能工作站界面，如图 1-15 所示。

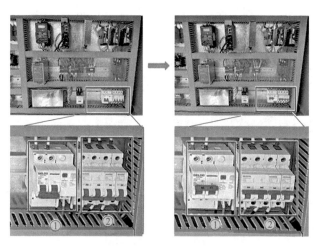

图 1-13　总断路器和机器人断路器的开启步骤

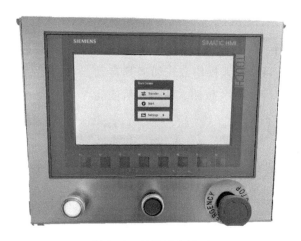

图 1-14　触摸屏主界面

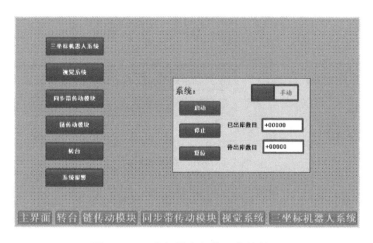

图 1-15　工业机器人智能工作站界面

（3）码垛机手动复位　移动到不影响 X 轴进出的位置，进行复位：首先，按住 X-，X 轴往仓库方向移动，移动挡片到仓库端，然后单击"主界面"，再单击"复位"按钮，系统进行复位。工业机器人智能工作站仓库位置调整界面如图 1-16 所示。

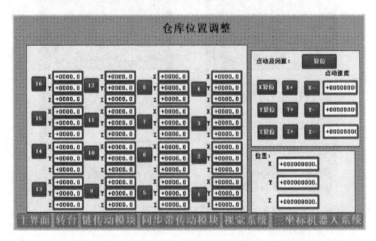

图 1-16　工业机器人智能工作站仓库位置调整界面

（4）机器人自动运行　打开电气控制柜，先把机器人的操作模式选择为自动，然后示教器弹出一个确认界面，将机器人操作方式切换到自动，单击"确定"按钮（见图 1-17）；最后按下机器人控制柜的"上电"按钮，使电动机使能。

图 1-17　示教器确认界面

将程序的指针移动到"main"程序，单击"是"按钮（见图 1-18），出现示教器程序界面，如图 1-19 所示。

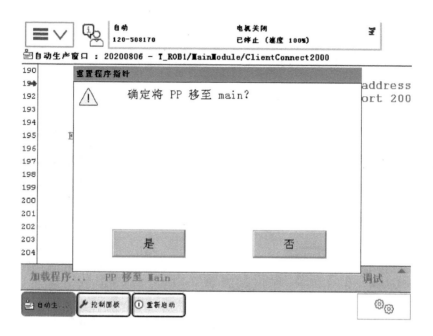

图 1-18　移动程序指针

图 1-19　示教器程序界面

（5）实训平台系统启动　机器人和 PLC 启动完成后，单击平台触摸屏的"启动"按钮，启动系统；如果需要停止，单击"停止"按钮；如果出现异常情况，按下急停按钮。

1.4.2 实训平台关机

单击示教器功能界面上的"停止"按钮，如图 1-20 所示。

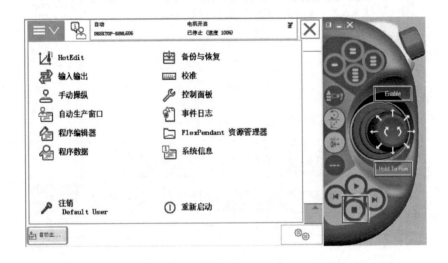

图 1-20 示教器功能界面（1）

单击示教器功能界面上的"重新启动"按钮，如图 1-21 所示。

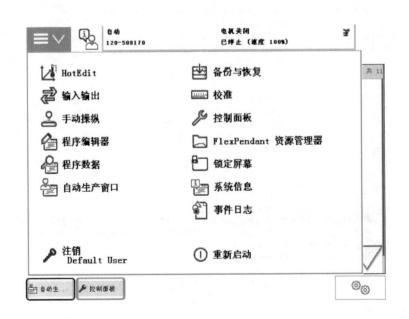

图 1-21 示教器功能界面（2）

在图 1-22 中单击"高级"。

如图 1-23 所示，在屏幕上选择"关闭主计算机"，并单击屏幕上的"下一个"。

启。状态已经保存，任何修改后的系统参数设置将在

此操作不可撤销。

图 1-22 示教器重新启动界面

打开电气控制柜，把配电单元的断路器②向下闭合，然后把总断路器①拨到"OFF"状态，如图 1-24 所示。

最后关闭气路气泵的开关，将其顺时针旋转 90°。至此，实训平台关机完毕。

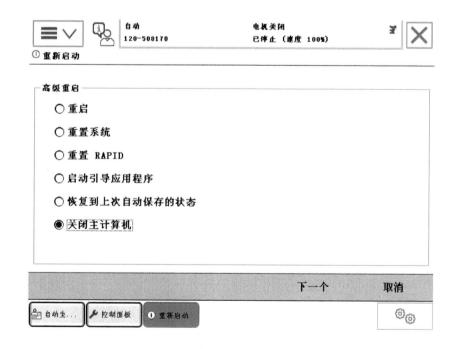

图 1-23 示教器重新启动设置界面

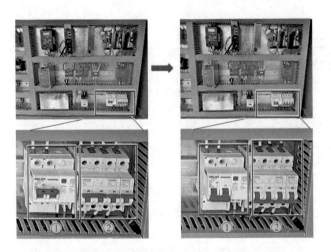

图 1-24 电气控制柜实物图

模块 2　西门子 S7-1200 PLC 编程准备

2.1　博途软件编程入门

2.1.1　博途软件项目创建

博途（TIA Portal）软件是西门子工业自动化集团发布的一款全新的全集成自动化软件，是采用统一的工程组态和软件项目环境的自动化软件，几乎适用于所有自动化任务。用户通过博途软件能够快速、直观地开发和调试自动化系统，可对西门子全集成自动化中涉及的所有自动化和驱动产品进行组态、编程和调试，在同一开发环境中组态西门子的所有 PLC（除 200 系列）、人机界面（HMI，即触摸屏）和驱动装置。

博途软件包括 STEP 7、WinCC、Startdrive、PLCSIM 等。STEP 7（TIA Portal）是用于组态 SIMATIC S7-1200、S7-1500、S7-300/400 和 WinAC 控制器系列的工程组态软件。

博途软件安装完成后，通过 Windows 的"开始"→"Siemens Automation"→"TIA Portal V15"菜单命令，或双击桌面上的"TIA Portal V15"图标启动博途软件。博途软件启动界面如图 2-1 所示，单击"创建新项目"。在图 2-2 所示窗口的"项目名称"右侧输入项目名称，在"路径"右侧选择保存路径，单击"创建"按钮，完成项目的创建。

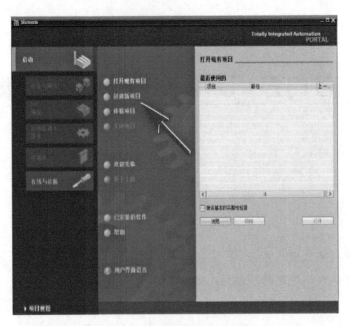

图 2-1　博途软件启动界面

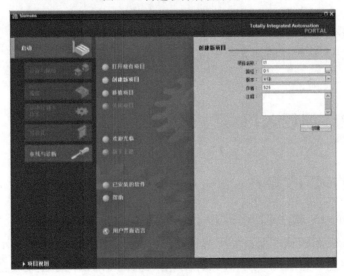

图 2-2　输入项目名称和保存路径

2.1.2　硬件组态

1. 插入 CPU

项目创建后，首先要进行硬件组态。所谓硬件组态，就是使用 STEP7 对工作站进行硬件配置和参数分配。

1）在图 2-3 中单击"组态设备"。

2）"添加新设备"→"控制器"→"SIMATIC S7-1200"→"CPU"→"CPU 1215C DC/DC/DC"→"6ES7 215-1AG40-0XB0"→"版本"选择 V4.1→"设备名称"可以使用默认的 PLC_1，

也可以输入其他名字，最后单击"添加"按钮，如图 2-4 所示。

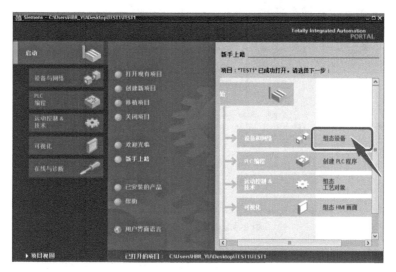

图 2-3　单击"组态设备"

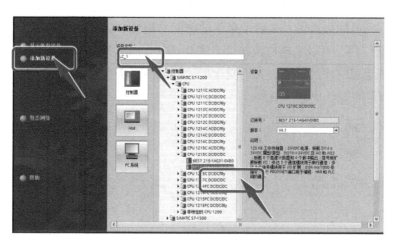

图 2-4　添加 CPU

3）根据实际安装的扩展模块类型，添加扩展模块。

①"设备视图"→"DI/DQ"→"DI 16×24VDC/DQ 16×Relay"→双击"6ES7 223-1PL32-0XB0"，添加到插槽 2 中。

②"设备视图"→"DI/DQ"→"DI 8×24VDC/DQ 8×Relay"→双击"6ES7 223-1PH32-0XB0"，添加到插槽 3 中，如图 2-5 所示。

③"设备视图"→"DI/"→"DI 16×24VDC"→双击"6ES7 221-1BH32-0XB0"，添加到插槽 4 中。

4）配置 PLC 参数各扩展模块的 I/O 地址，如图 2-6 所示。

S7-1200 的数字量（或称为开关量）I/O 点地址由地址标识符、地址的字节部分和位部分

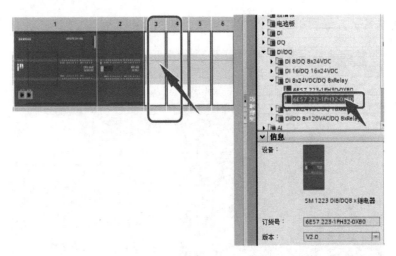

图 2-5　添加扩展模块 AQ

组成，1 个字节由 0~7 这 8 位组成。例如，I3.2 是一个数字量输入点的地址，小数点前面的 3 是地址的字节部分，小数点后面的 2 表示字节中的第二位。I3.0~I3.7 组成一个输入字节 IB3。

　　S7-1200 的模拟量模块以通道为单位，一个通道占 1 个字或 2 个字节的地址。用户可以修改博途软件自动分配的地址，一般采用手动分配的地址。如图 2-6 所示，单击博途软件窗口的"设备概览"栏，可以手动修改地址。图 2-6 中方框部分为手动修改工业机器人智能工作站实训平台各组态模块的地址。为了便于后续给出的样例程序的验证，在编程时需要严格按照图 2-6 中确定的 I/O 地址来编程。

	模块	插槽	I 地址	Q 地址	类型	订货号	固件	注释
		103						
		102						
		101						
▼	基于触摸屏的直流驱动…	1			CPU　215C DC/DC/DC	6ES7 215-1AG40-0XB0	V4.2	
	DI 14/DQ 10_1	1 1	0…1	0…1	DI 14/DQ 10			
	AI 2/AQ 2_1	1 2	64…67	64…67	AI 2/AQ 2			
		1 3						
	HSC_1	1 16	1000…10…		HSC			
	HSC_2	1 17	1004…10…		HSC			
	HSC_3	1 18	1008…10…		HSC			
	HSC_4	1 19	101 2…10…		HSC			
	HSC_5	1 20	1016…10…		HSC			
	HSC_6	1 21	1020…10…		HSC			
	Pulse_1	1 32		1000…10…	脉冲发生器 (PTO/PWM)			
	Pulse_2	1 33		1002…10…	脉冲发生器 (PTO/PWM)			
	Pulse_3	1 34		1004…10…	脉冲发生器 (PTO/PWM)			
	Pulse_4	1 35		1006…10…	脉冲发生器 (PTO/PWM)			
▶	PROFINET 接口_1	1 X1			PROFINET 接口			
	DI 16x24VDC/DQ 16xRelay_1	2	2…3	2…3	SM 1223 DI16/DQ16 x…	6ES7 223-1PL32-0XB0	V2.0	
	DI 8x24VDC/DQ 8xRelay_1	3	4	4	SM 1223 DI8/DQ8 x…	6ES7 223-1PH32-0XB0	V2.0	
	DI 16x24VDC_1	4	5…6		SM 1221 DI16 x 24VDC	6ES7 221-1BH32-0XB0	V2.0	
		5						

图 2-6　工业机器人智能工作站实训平台各组态模块手动配置 I/O 地址

　　5）接着需要设置 PLC 系统存储器模块参数。如图 2-7 所示，鼠标右键单击 PLC 的 CPU 模块，选中"属性"栏，可在属性设置的"常规"栏中选择"系统和时钟存储器"，勾选"启用系统存储器字节"和"启用时钟存储器字节"这两个模块。

　　6）根据实际使用的触摸屏类型，组态触摸屏。从"网络视图"→"硬件目录"→"HMI"→"SIMATIC 精简系列面板"→"9″显示屏"→"KTP900 Basic"→双击"6AV2 123-2JB03-0AX0"，

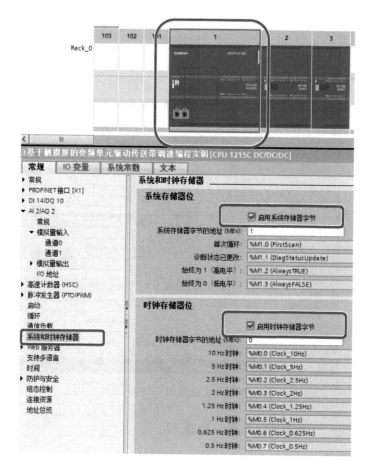

图 2-7 系统和时钟存储器设置

最后单击"HMI"的"PROFINET 接口",然后按住不放,拖动到 PLC 的"PROFINET 接口"上,完成网络连接,如图 2-8 所示。

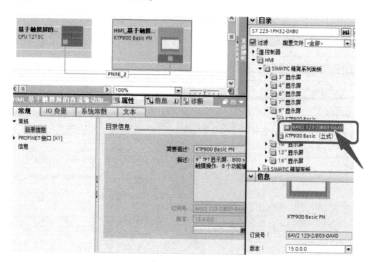

图 2-8 添加触摸屏

2. 以太网地址分配

1）设置 PLC 的 IP 地址。"以太网地址"→"添加新子网"→根据实际需要设置 IP 地址和子网掩码，如图 2-9 所示。

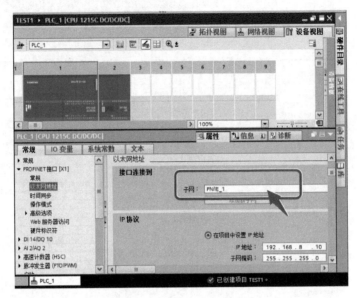

图 2-9　设置 PLC 的 IP 地址

2）设置触摸屏的 IP 地址，如图 2-10 所示。

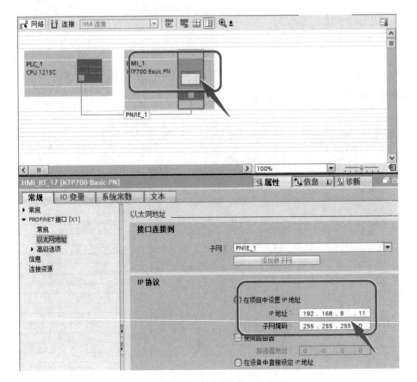

图 2-10　设置触摸屏的 IP 地址

3. 下载操作

1）选择项目树或者网络视图中新建的 PLC，单击"下载到设备"图标，如图 2-11 所示。

图 2-11　下载到设备

2）在弹出的"扩展的下载到设备"对话框中，设置 PG/PC 接口类型，在"PG/PC 接口"下拉选项中选择编程设备的网卡，单击"开始搜索"，如图 2-12 所示。

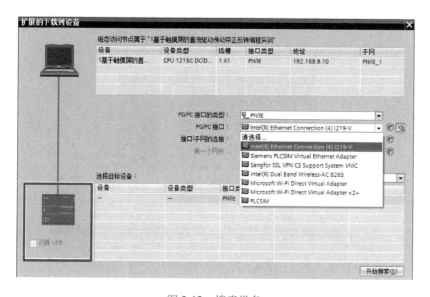

图 2-12　搜索设备

3）搜索到可访问的设备后，选择要下载的 PLC，当网络上有多个 S7-1200 PLC 时，通过"闪烁 LED"来确认下载对象，单击"下载"按钮，如图 2-13 所示。

4）如果编程设备的 IP 地址和组态的 PLC 不在一个网段，需要给编程设备添加一个与 PLC 同网段的 IP 地址。在弹出的对话框中分别单击"是"（见图 2-14）和"确定"按钮。

5）项目数据必须一致。如果项目没有被编译，在下载前会自动被编译。在"下载预览"对话框（见图 2-15）中，会显示要执行的下载信息和动作要求。如果需要下载修改过的硬件组态且 CPU 处于运行模式，需要把 CPU 转为停止模式。

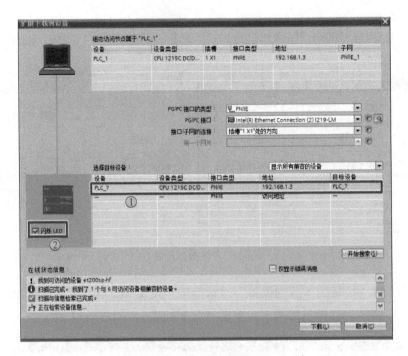

图 2-13　选择下载对象

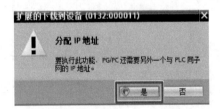

图 2-14　添加同网段 IP

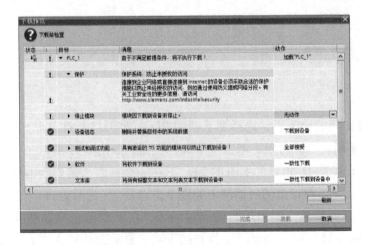

图 2-15　"下载预览"对话框

6）下载后启动 CPU，如图 2-16 所示。

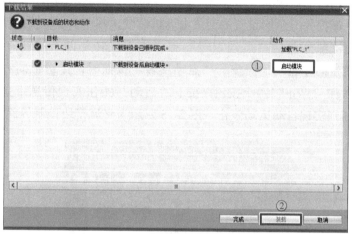

图 2-16　启动 CPU

2.2　触摸屏控制界面

2.2.1　触摸屏控制界面的组成

触摸屏控制界面主要有 5 个界面，分别为直流模块控制界面、交流模块控制界面、三坐标机器人控制界面、伺服模块控制界面和视觉控制界面。

1. 直流模块控制界面

当运动平台运行到限位位置时，对应的限位状态的圆形控件显示为绿色。速度调节部分可通过棒图控件和 I/O 域控件显示所设置的直流电动机速度，其中，I/O 域控件可以设置具体的速度大小。手动测试部分包括"正转"和"反转"两个按钮。当按下"正转"按钮时，直流模块向左运动，而按下"反转"按钮时，直流模块向右运动。自动测试部分包括"启动"和"停止"两个按钮。按下"启动"按钮，直流模块会来回自动运动，而按下"停止"按钮则实现自动运动停止。图 2-17 所示为直流模块控制界面。

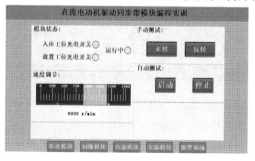

图 2-17　直流模块控制界面

2. 交流模块控制界面

当平台左右运动时，对应的圆形控件显示为绿色，否则显示为灰色。速度调节部分可通过棒图控件和 I/O 域控件显示所设置的交流电动机速度，其中，I/O 域控件可以设置具体的速度大小。手动测试部分包括"点动正转"和"点动反转"两个按钮。当按下"点动正转"按钮时，传送带向左运动，而按下"点动反转"按钮时，传送带向右运动。自动测试部分包括"启动"和"停止"两个按钮。按下"启动"按钮实现传送带正向自动运动，而按下"停止"按钮则实现自动运动停止。图 2-18 所示为交流模块控制界面。

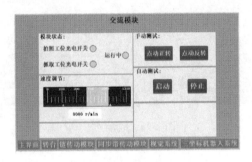

图 2-18　交流模块控制界面

3. 三坐标机器人控制界面

按下"Home"按钮进行回原点，X 轴、Y 轴、Z 轴位置通过 I/O 域控件进行显示。在出库选择中选择行、列，单击"启动出库"进行出库操作。在手动测试部分，给定相应速度，单击"JOG+"或者"JOG-"实现正反向点动运行；在相对运动或绝对运动中，设定相应速度与距离，单击"运行"按钮，实现位置控制。图 2-19 所示为三坐标机器人触摸屏的手动控制组态变量。

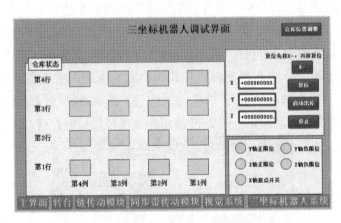

图 2-19　三坐标机器人触摸屏的手动控制组态变量

4. 伺服模块控制界面

按下"Home"按钮进行回原点，单击"停止"按钮可以停止电动机运行。在手动测试部分，给定相应的速度，单击"JOG+"或者"JOG-"实现正、反向点动运行；在相对运动或绝对运动中，设定相应的速度与距离，单击"运行"按钮，实现位置控制。图 2-20 所示为伺服电动机回零模块的触摸屏组态变量。

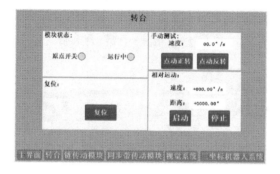

图 2-20　伺服电动机回零模块的触摸屏组态变量

5. 视觉控制界面

将工件放到链传动流水线上，流水线交流电动机的转速设为 300r/min，然后启动。到相机拍照位置，拍照气缸升起固定托盘位置，相机进行拍照，识别工件的类型和位置。拍照完成后，拍照气缸下降，工件移动到下一工位。图 2-21 所示为视觉控制界面。

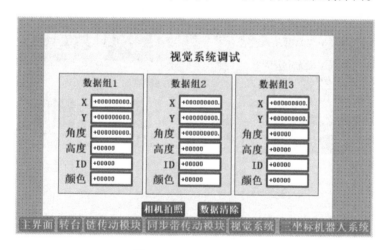

图 2-21　视觉控制界面

2.2.2　触摸屏变量分析和编程步骤

编写触摸屏控制界面需要用到工具箱基本对象的圆、矩形、文本域 3 个控件（见图 2-22），以及工具箱元素的 I/O 域、按钮和棒图 3 个控件（见图 2-23）。实训中主要用到的控件有 I/O 域、按钮、棒图和文本域。

1. 触摸屏变量分析

以直流模块控制界面为例，分析其功能要求。如模块状态的圆形控件、速度棒图控件等，需要 PLC 变量和对应的控件进行变量连接。在触摸屏用到的变量中，尽量采用根据 I/O 地址

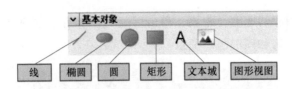

图 2-22　触摸屏工具箱基本对象

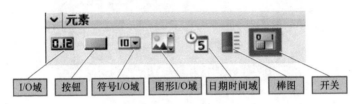

图 2-23　触摸屏工具箱元素

配置形成的变量，即 PLC 硬件地址配置变量或全局数据块变量。图 2-24 所示为直流模块触摸屏变量示意图；图 2-25 所示为 GVL 数据块中的全局数据块；图 2-26 所示为 PLC 变量表。

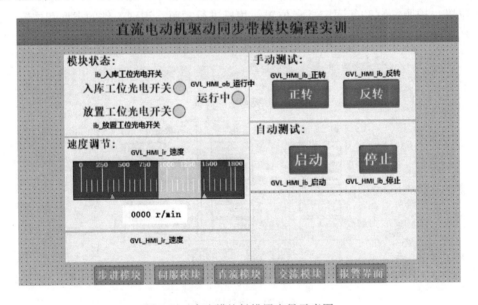

图 2-24　直流模块触摸屏变量示意图

		名称	数据类型	起始值
1	◀	▼ Static		
2	◀	▼ HMI	Struct	
3	◀	■ ib_启动	Bool	false
4	◀	■ ib_停止	Bool	false
5	◀	■ ir_速度	Real	0.0
6	◀	■ ib_正转	Bool	false
7	◀	■ ib_反转	Bool	false
8	◀	■ ob_运行中	Bool	false

GVL

图 2-25　GVL 数据块中的全局数据块

图 2-26 PLC 变量表

2. 触摸屏编程步骤

1）添加新画面。双击"添加新画面"，新添加"画面_2"，重复添加到"画面_6"，将画面_2 到画面_6 分别命名为三坐标机器人系统、视觉系统、同步带传动模块、链传动模块和转台。图 2-27 所示为添加新画面。

图 2-27 添加新画面

2）画面_1 默认为主画面，即当触摸屏开启系统并进入后看到的画面。如果想进入其他画面，需要在主画面用按钮关联其他画面。首先从右边工具箱的元素内拉取一个按钮到界面内，如图 2-28 所示。

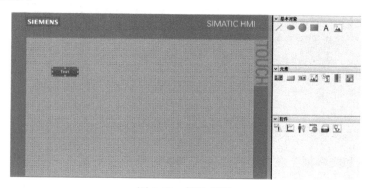

图 2-28 拉取按钮

3）双击按钮，将这个按钮命名为"三坐标机器人系统"，然后单击选中这个按钮，右击按钮→"属性"→"事件"，选择"释放"，选中"添加函数"右边的下拉按钮，选择事件"激活屏幕"。"画面名称"选择"三坐标机器人系统"。图 2-29 所示为画面激活事件选择。

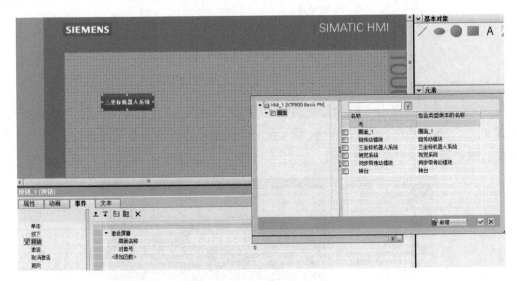

图 2-29　画面激活事件选择

4）重复步骤 2），继续添加其他按钮。图 2-30 所示为分支界面添加。

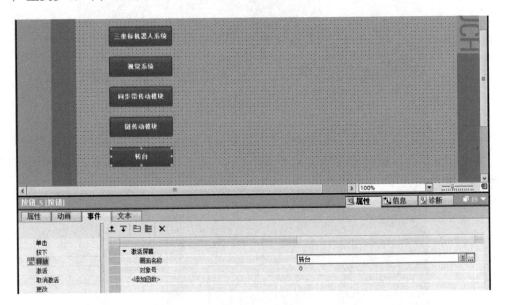

图 2-30　分支界面添加

5）添加背景和文本框。在右边的工具箱基本对象中双击矩形，调整大小，然后添加文本域到矩形框内，把字号调大。在文本域"属性"中，选择"文本格式"，单击"字体"

右边的按钮，"大小"选择"19"，单击"确定"按钮。图 2-31 所示为文本域与矩形。

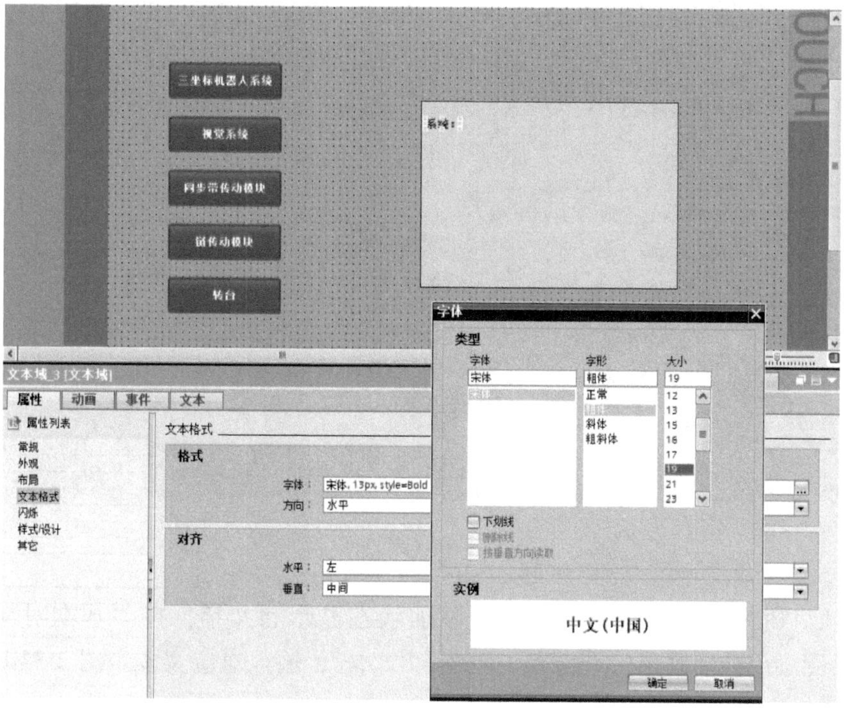

图 2-31　文本域与矩形

6）添加系统的"启动"和"停止"按钮。双击按钮，将这个按钮命名为"启动"，然后单击选中这个按钮，右击按钮→"属性"→"事件"，选择"按下"，选择"按下按键时置位位"，关联到 PLC 的相应变量。然后从右边的工具箱元素中找到 I/O 域和基本对象的文本域，添加到矩形框内。名字如图 2-32、图 2-33 所示。至此，主界面完成编写。

图 2-32　添加"启动"和"停止"按钮

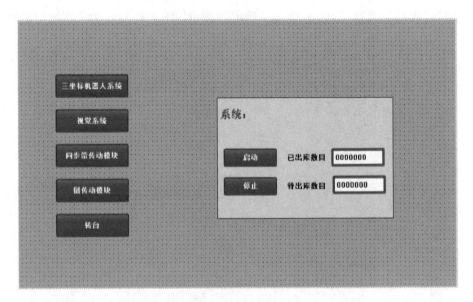

图 2-33　主界面

7）在项目树中打开直流传动模块，添加状态显示和文字，在"基本对象"中单击"圆"，在绘图画面拖动画出一个圆形，单击"文本"，输入对应文本。图 2-34 所示为圆与文本工具。

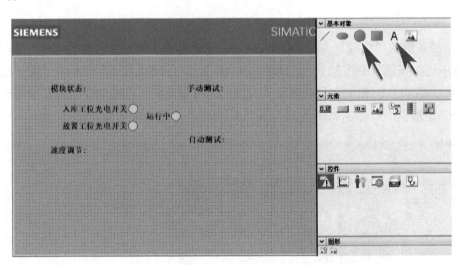

图 2-34　圆与文本工具

8）添加命令按钮。在"元素"中单击"按钮"，在绘图界面拖动画出 4 个按钮，并命名。图 2-35 所示为添加按钮。

9）按钮关联 PLC 中的变量。选中"启动"按钮，右击按钮→"属性"→"事件"→"按下"→"按下按键时置位位"→"变量（输入/输出）"，最后选择 PLC 中相应的变量进行关联。图 2-36 所示为按钮事件关联。

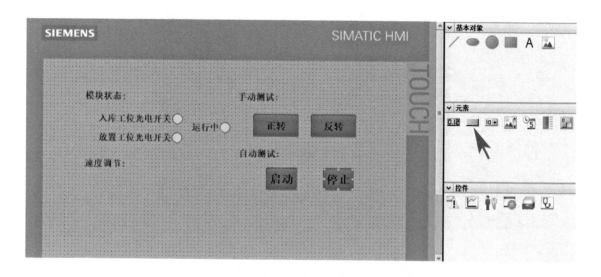

图 2-35 添加按钮

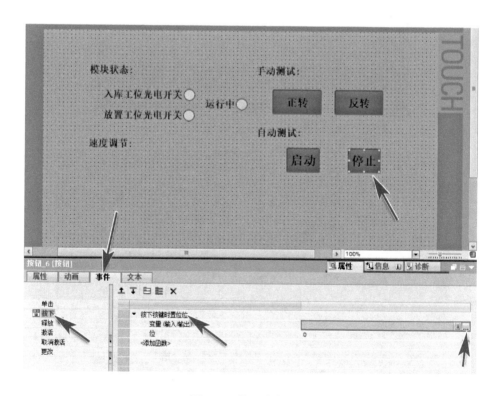

图 2-36 按钮事件关联

10）状态显示关联 PLC 变量。选中圆形，右击按钮→"属性"→"动画"→双击"添加新动画"→选择"外观"。图 2-37 所示为添加新动画；图 2-38 所示为动画类型选择。

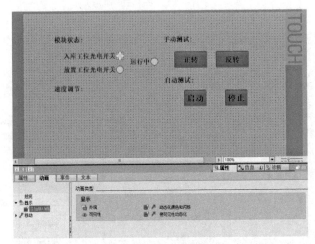

图 2-37　添加新动画

图 2-38　动画类型选择

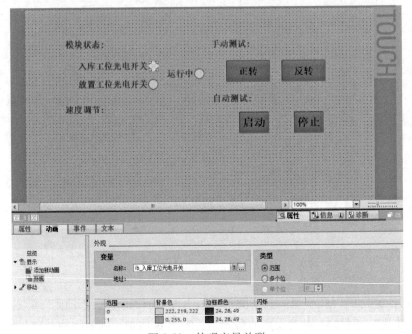

图 2-39　外观变量关联

11）状态显示关联 PLC 变量。单击"名称"后的"…"，选择 PLC 中相应的变量进行关联。状态显示关联 PLC 变量后，定义状态显示的颜色变化，0 时红色，1 时绿色。按此方法完成其他圆的外观变量关联。图 2-39 所示为外观变量关联。

12）单击"元素"中的"棒图"，按住并拖拽到画面中，右击该棒图，单击"属性"，弹出属性对话框，在"常规"中设置最大刻度值为"1800"，并将过程变量关联到"GVL_HMI_ir 速度"，在"布局"的"样式"中，将棒图方向改为"左/右"，至此则完成了棒图的刻度和形状设置。棒图如图 2-40 所示。

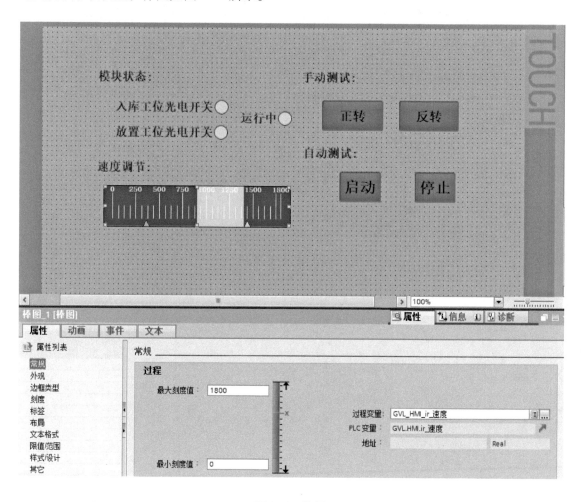

图 2-40　棒图

13）单击"元素"中的"I/O 域"，按住并拖拽到画面中，右击该对象，单击"属性"，弹出属性对话框，在"常规"中将"过程"的变量关联到"GVL_HMI_ir 速度"，在"格式"中将"格式样式"设为"9999"，在"属性"→"外观"→"文本"中将"单位"设为"r/min"。I/O 域如图 2-41 所示。

其他界面的设置可参照上面的步骤完成。

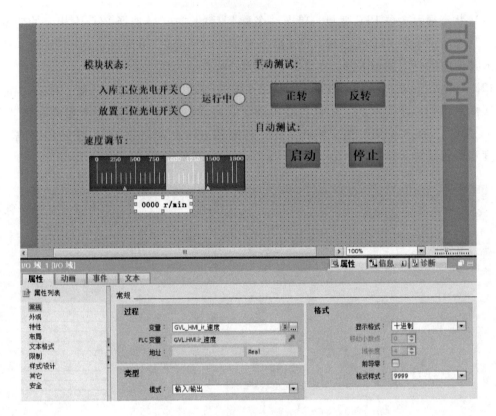

图 2-41　I/O 域

模块 3 直流电动机驱动同步带模块编程实训

3.1 知识准备

3.1.1 模块概述

直流电动机驱动同步带,同步带内有两个光电传感器。同步带上的托盘在两个光电传感器间往复运动。图 3-1 所示为直流电动机驱动同步带模块的结构。

直流电动机带动同步带,PLC 通过输出模拟信号控制直流电动机的转速,通过两个光电传感器进行限位,实现托盘在同步带上方往复运动。直流电动机传动模块由可调开关电源、直流减速电动机、链传动、槽轮间歇机构传动、圆柱齿轮传动、齿轮齿条传动、直线导轨与滑块、光电开关、硬限位、各处支架、轴承及连接板等组成。模块外部设置有机玻璃进行防护。模块一侧配置坦克链与航空连接器盒。

直流电动机的调速方案一般有下列 3 种方式:

1) 改变电枢电压。

2) 改变励磁绕组电压。

3) 改变电枢回路电阻。

最常用的是调压调速系统,即改变电枢电压。

图 3-1　直流电动机驱动同步带模块的结构

　　直流电动机的转速快慢可以由 PLC 进行控制。用 I/O 域来输入电动机的转速，在程序中转换为模拟量值，采用模拟量输出模块输出模拟量，输出给 24V 可调开关电源，控制可调电源的输出电压，调节直流电动机的转速。直流电动机传动模块本体结构布局如图 3-2 所示。其中，①为直流电动机部分正限位光电开关，②为直流电动机部分负限位光电开关。

图 3-2　直流电动机传动模块本体结构布局

　　按下"启动"按钮，程序开始运行，电动机按触摸屏给定速度运行。在直流电动机传动模块运行时，托盘在两个光电开关之间往复运动，碰到左边的光电开关时，则向右边运动，碰到右边的光电开关时，则朝着左边运动，如此往返。按下"停止"按钮，电动机停止运行。

基于触摸屏的直流驱动传动带正反转实训 PLC I/O 地址配置见表 3-1。

表 3-1　基于触摸屏的直流驱动传动带正反转实训 PLC I/O 地址配置

输入点	信号	说明	输入状态		输出点	信号	说明	输出状态	
			ON	OFF				ON	OFF
I0.5	放置工位光电开关	直流电动机部分正限位光电开关	有效	无效	Q1.0	直流电动机启动	直流电动机模块直流电动机启动信号	有效	无效
I0.6	入库工位光电开关	直流电动机部分负限位光电开关	有效	无效	Q1.1	直流电动机方向	直流电动机模块直流电动机方向信号	有效	无效
					QW64	直流电动机模拟量	调试模拟量输出值		

在直流电动机调速时，需要将模拟量输入到可调开关电源中，从而调节可调开关电源的电压大小，以此驱动直流电动机的转速调节。其中，模拟量的输出最大值为 27648，对应直流电动机最高转速 1800r/min。通过设置转速在 0~1800 的区间变化，模拟量输出便在 0~27684 之间变动，即可控制直流电动机的转速。例如，当电动机转速设为 1200r/min 时，对应的模拟量值为（1200/1800）×27648。

3.1.2　PLC 指令学习

可以使用 CALCULATE 指令定义并执行表达式，根据所选数据类型计算数学运算或复杂逻辑运算。还可以从指令框的下拉列表中选择该指令的数据类型。根据所选数据类型，可以组合特定指令的功能，以执行复杂计算。要在一个对话框中指定待计算的表达式，可单击指令框上方的"计算器"图标打开该对话框。表达式可以包含输入参数的名称和指令的语法。不允许指定操作数名称或操作数地址。

在初始状态下，指令框至少包含两个输入（IN1 和 IN2）。存在多个输入时，可在功能框中按升序插入相应的输入编号。

输入值可用于执行特定表达式。不是所有定义的输入都必须用于表达式。该指令的结果传送到功能框输出 OUT 中。

如果表达式中的一个数学运算失败，则没有结果传送到输出 OUT，并且使能输出 ENO 返回信号状态"1"。

在表达式中，如果使用功能框中不可用的输入，则将自动插入这些输入。还要求表达式中新定义的输入编号是连续的。例如，如果未定义输入 IN3，则无法在表达式中使用输入 IN4。

如果满足下列条件之一，则使能输出 ENO 的信号状态将变为"0"：

1）使能输入 EN 的信号状态为"0"。

2）CALCULATE 指令的结果或中间结果超出输出 OUT 所指定的数据类型允许的范围。

3）浮点数的值无效。

4）执行表达式中指定的指令之一时出错。

根据所选数据类型，表 3-2 列出了可以在 CALCULATE 指令的表达式中组合和执行的指令。

表 3-2 CALCULATE 指令使用说明

数据类型	指　　令	语　　法	示　　例
位字符串	AND："与"运算	AND	IN1 AND IN2 OR IN3
	OR："或"运算	OR	
	XOR："异或"运算	XOR	
	INV：求反码	NOT	
	SWAP：交换	SWAP	
整数	ADD：加	+	（IN1+IN2）* IN3； （ABS（IN2））* （ABS（IN1））
	SUB：减	−	
	MUL：乘	*	
	DIV：除	/	
	MOD：返回除法的余数	MOD	
	INV：求反码	NOT	
	NEG：取反	−(in1)	
	ABS：计算绝对值	ABS（）	
浮点数	ADD：加	+	（（SIN（IN2）* SIN（IN2）+ （SIN（IN3）* SIN（IN3））/IN3））； （SQR（SIN（IN2））+ （SQR（COS（IN3））/IN2））
	SUB：减	−	
	MUL：乘	*	
	DIV：除	/	
	EXPT：取幂	* *	
	ABS：计算绝对值	ABS（）	
	SQR：计算二次方	SQR（）	
	SQRT：计算二次方根	SQRT（）	
	LN：计算自然对数	LN（）	
	EXP：计算指数值	EXP（）	
	FRAC：返回小数	FRAC（）	
	SIN：计算正弦值	SIN（）	
	COS：计算余弦值	COS（）	
	TAN：计算正切值	TAN（）	
	ASIN：计算反正弦值	ASIN（）	
	ACOS：计算反余弦值	ACOS（）	
	ATAN：计算反正切值	ATAN（）	
	NEG：取反	−(in1)	
	TRUNC：截尾取整	TRUNC（）	
	ROUND：取整	ROUND（）	
	CEIL：浮点数向上取整	CEIL（）	
	FLOOR：浮点数向下取整	FLOOR（）	

如图 3-3 所示，以 CALCULATE 指令为例说明指令的工作原理。

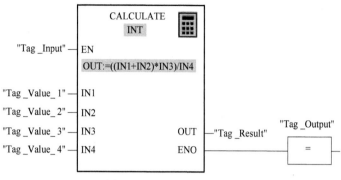

图 3-3　CALCULATE 指令

表 3-3 通过具体的操作数值对 CALCULATE 指令的工作原理进行说明。

表 3-3　CALCULATE 指令应用示例

参　数	操　作　数	数　值
IN1	Tag_Value_1	4
IN2	Tag_Value_2	4
IN3	Tag_Value_3	3
IN4	Tag_Value_4	2
OUT	Tag_Result	12

3.2　实训任务

3.2.1　触摸屏变量分析

如图 3-4 所示，触摸屏可分为模块状态、速度调节、手动测试和自动测试 4 个模块。按照图 3-4 添加相对应的圆形控件、速度棒图控件等控件，变量关联在 PLC 程序完成编写后进行。

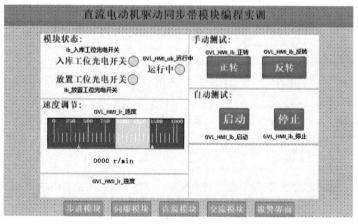

图 3-4　直流模块触摸屏变量示意图

在触摸屏用到的变量中，尽量采用 PLC 硬件地址配置表的变量或者全局数据块的变量。

3.2.2 编写 PLC 程序

1）添加"PLC 配置表"。"PLC 变量"→双击"添加新变量表"→命名"PLC 配置表"。根据表 3-1 的 PLC 硬件地址配置表，进行逐项输入，并且做好注释。变量的名称可以为中文，如图 3-5 所示；也可以取易记并且简单明了的英文。需要注意的是，不同的输入和输出不能重名。

		名称	数据类型	地址
		流水线		
1		ib_放置工位光电开关	Bool	%I0.5
2		ib_入库工位光电开关	Bool	%I0.6
3		ow_直流电动机模拟量	Word	%QW64
4		ob_直流电动机启动	Bool	%Q1.0
5		ob_直流电动机方向	Bool	%Q1.1

图 3-5　PLC 硬件地址配置表

2）在 PLC 的程序块中，添加新块，命名为"GVL"，添加图 3-6、图 3-7 所示的全局数据块。

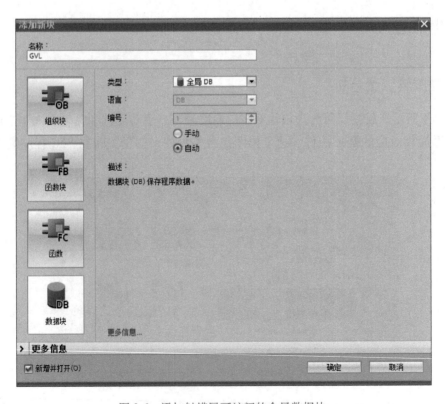

图 3-6　添加触摸屏可访问的全局数据块

图 3-7　添加全局数据块 GVL 的变量

3）添加"直流电动机"函数块。"程序块"→双击"添加新块"→选择"函数块"→输入名称"直流电动机"→编程语言选择"LAD"，单击"确定"按钮，完成函数块（FB）的新建。图 3-8 所示为新增函数块。

图 3-8　新增函数块

4）双击"直流电动机"函数块，定义输入、输出和静态变量。

完成"直流电动机"函数块后，用户需要在变量申明表中创建本块中专用的变量（即局部变量）。如图 3-9 所示，局部变量分为 Input（输入变量）、Output（输出变量）、InOut（输入/输出变量）、Temp（临时变量）和 Static（静态变量）五种类型。

直流电动机

	名称	数据类型	默认值
1	▼ Input		
2	启动	Bool	false
3	停止	Bool	false
4	速度	Real	0.0
5	正转	Bool	false
6	反转	Bool	false
7	▼ Output		
8	直流电动机模拟量输出	Word	16#0
9	启动电动机	Bool	false
10	电动机方向	Bool	false
11	运行中	Bool	false
12	▼ InOut		
13	<新增>		
14	▼ Static		
15	启动自锁	Bool	false
16	▶ 点动运行	Struct	
17	▶ 自动运行	Struct	
18	N_TRIG	Bool	false
19	▼ Temp		
20	temp1	Real	
21	▼ Constant		
22	<新增>		

图 3-9 “直流电动机”函数块的局部变量

① Input：为调用它的模块提供输入的参数。

② Output：返回给调用它的模块输出的参数。

③ InOut：初值由调用它的模块提供，被子程序修改后返回给调用它的模块。

④ Temp：暂时保存在局部数据区中的变量。只是在执行块时使用临时变量，执行完后，在主程序中不能再使用该变量。

⑤ Static：在函数块的背景数据块中使用。关闭函数块后，其静态数据保持不变。函数（FC）没有静态变量。

Input、Output、InOut 属于函数块的形式参数。Temp 属于函数块的局部变量，只在它所在的块中有效。Static 只在函数块中存在，也属于函数块的局部变量，在它所在的块中有效，而且 PLC 掉电后 Static 仍然保持。

在“直流电动机”函数块中，Input 包括启动、停止、正转、反转按钮。Output 包括启动电动机的上电、电动机的方向指示、对应速度模拟量的整数输出值以及电动机的运行状态。Static 可以根据编程过程需要进行添加。图 3-9 所示为“直流电动机”函数块的局部变量。

5）函数块编程。

① 计算出输出速度所对应的模拟量值，并把它转换为整数值进行输出，如图 3-10 所示。

② 非自动运行状态时直流电动机的点动控制，如图 3-11 所示。

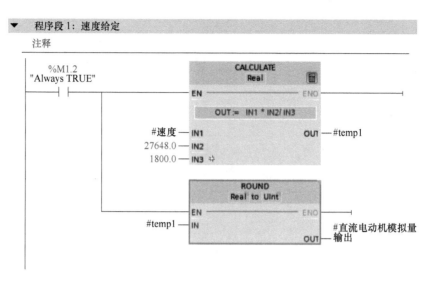

图 3-10　程序段 1

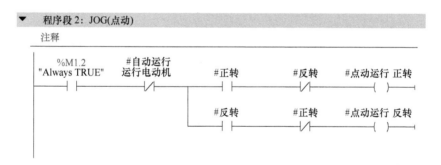

图 3-11　程序段 2

③ 按下"启动"按钮，程序运行自锁，触发限位后，反向运行，如图 3-12 所示。

④ 由中间变量输出电动机的启动和方向指令，如图 3-13 所示。

⑤ 主程序调用"直流电动机"子程序。双击 Main［OB1］，拖动直流电动机到程序段 1 中，完成子程序的调用，并且将实际的 I/O 参数或者变量填到直流电动机的调用模块上，如图 3-14 所示。

3.2.3　程序调试

1）用西门子编程电缆将 PLC 和计算机进行连接，启动计算机，打开电源开关。

2）运行 TIA 15 软件，打开资料库实训文件夹中的"直流电动机驱动同步带模块编程实训"。

3）检查测试传感器信号是否正常，与程序的关联是否正确。

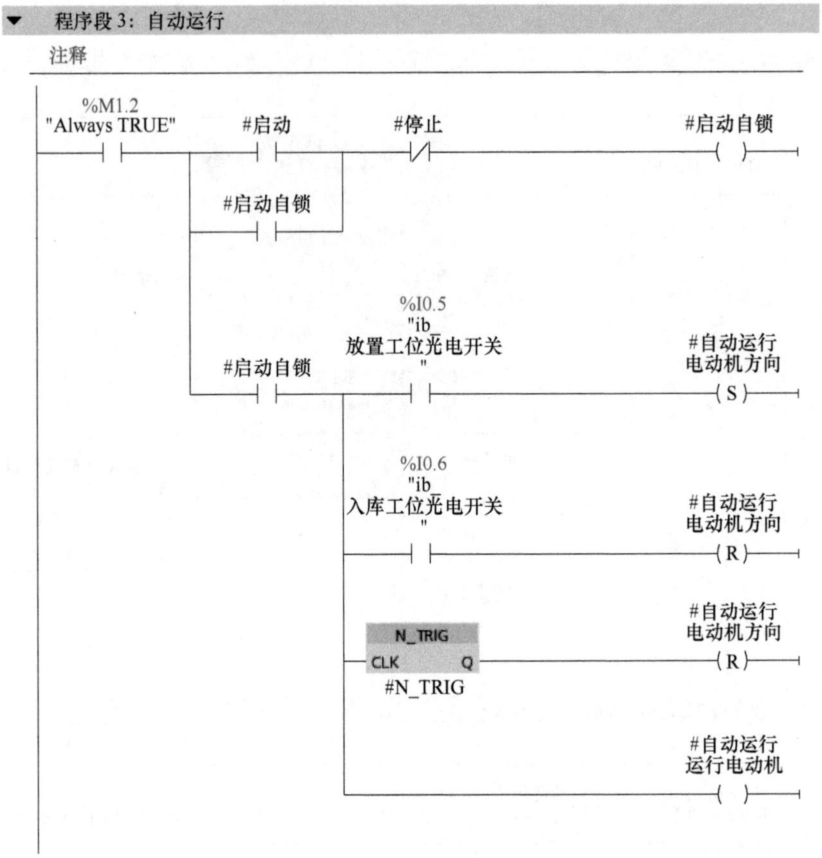
程序段 3：自动运行
注释
%M1.2
"Always TRUE"
#启动
#停止
#启动自锁
#启动自锁
%I0.5
"ib_
放置工位光电开关
"
#启动自锁
#自动运行
电动机方向
S
%I0.6
"ib_
入库工位光电开关
"
#自动运行
电动机方向
R
N_TRIG
CLK
Q
#N_TRIG
#自动运行
电动机方向
R
#自动运行
运行电动机

图 3-12　程序段 3

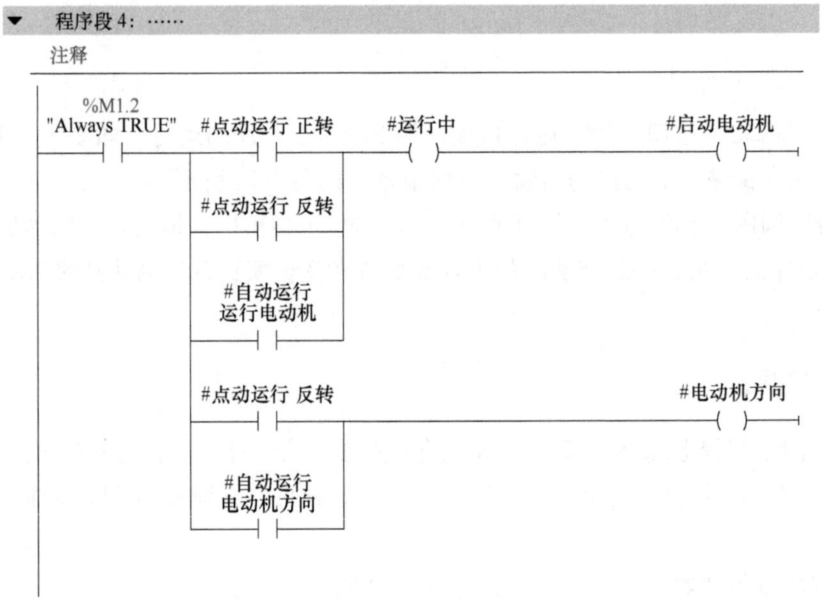
程序段 4：……
注释
%M1.2
"Always TRUE"
#点动运行 正转
#运行中
#启动电动机
#点动运行 反转
#自动运行
运行电动机
#点动运行 反转
#电动机方向
#自动运行
电动机方向

图 3-13　程序段 4

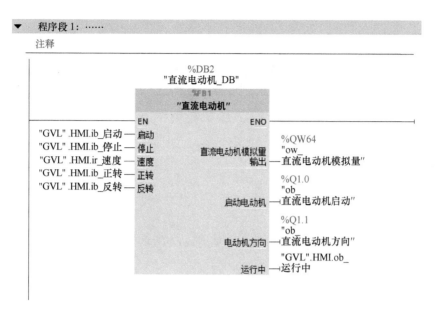

图 3-14　新"程序段 1"

4）在触摸屏上的速度调节控件中设定速度。

5）分别单击"正转"和"反转"按钮，查看同步带是否能点动运行。

6）按下触摸屏上的"启动"按钮，运行指示灯亮，程序开始执行；同步带运动，通过改变速度，观察电动机的运行速度是否发生变化。

7）按下"停止"按钮，模块停止运行。

8）发生意外情况时，按下"停止"或者"急停"按钮。

学生可以在教师的指导下参考本例编写自己的程序，然后下载到 PLC 中。

3.3　注意事项

1）在指导教师的指导下进行实训。

2）系统通电后，身体的任何部位不要进入系统运行可达范围之内。

3）系统运行中，不要人为干扰系统的传感器信号，否则系统无法正常工作。

4）系统运行时不要将身体的任何部位伸到模块保护罩里面，以免发生危险。

5）系统运行不正常时，请及时按下操作面板上的"急停"按钮。

6）系统刚开始调试运行时，直流电动机速度比较慢，要通过测试限位开关，看程序编程中限位是否能够发生作用。

模块4　交流电动机驱动链传动模块编程实训

实训目的

1. 掌握PLC模拟量模块的使用。
2. 掌握三相异步交流电动机变频调速的方法。
3. 掌握PLC通过模拟量来控制变频器输出频率的方法。

实训设备

1. 工业机器人智能工作站实训平台系统一套。
2. 安装西门子S7-1200 PLC编程软件TIA 15的计算机一台。
3. 西门子编程电缆一条。

4.1　知识准备

4.1.1　模块概述

　　交流电动机经过减速机后，通过联轴器带动倍速链进行运动。倍速链内装有两个单作用气缸和两个光电传感器。交流电动机的转速可以通过变频器进行调节。采用模拟量或者多段速的方式通过变频器进行调速。图4-1所示为三相交流电动机模块的结构。

　　三相交流电动机的调速方式有变极数调速、变频调速、串级调速、电阻调速和定子调压调速等。本实训平台采用变频调速方式来调节传送链的传输速度。

4.1.2　变频器参数设置

　　进行参数设定前，推荐首先恢复出厂设置。

　　1）交流电动机调速模块采用西门子V20变频器，其参数设置

图4-1　三相交流电动机
模块的结构

见表4-1，详细参数说明参考变频器使用手册。

表 4-1　西门子 V20 变频器参数设置

参 数 号	参 数 描 述	设 定 值	设 定 说 明
P0003	设置参数访问等级	2	标准级
P0304［0］	电动机额定电压（铭牌数据）	220V	
P0305［0］	电动机额定电流（铭牌数据）	0.8A	
P0307［0］	电动机额定功率（铭牌数据）	0.12kW	根据电动机铭牌来设定
P0310［0］	电动机额定频率（铭牌数据）	50Hz	
P0311［0］	电动机额定转速（铭牌数据）	1300r/min	
P0700［0］	选择命令给定源（启动/停止）	2	以端子为命令源
P0701	设定号端子 DI1 功能	1	ON 反向/OFF1
P0701	设定号端子 DI2 功能	2	ON/OFF1
P0756	模拟量输入类型	2	单极性电流输入
P1000［0］	设置频率给定源	2	模拟量设定值 1

2）变频器参数设置方式如图 4-2 所示。

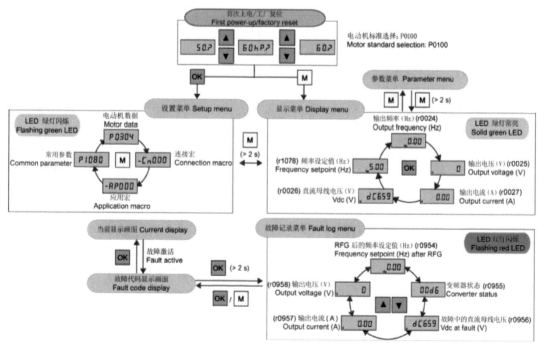

图 4-2　变频器参数设置方式

3）参数初始化设置。恢复出厂默认设置（见表 4-2），恢复用户默认设置（见表 4-3）。

表 4-2 恢复出厂默认设置

参　数	功　能	设　置
P0003	用户访问级别	=1（标准用户访问级别）
P0010	调试参数	=30（出厂设置）
P0970	工厂复位	=21：参数复位为出厂默认设置并清除用户默认设置（如已存储）

表 4-3 恢复用户默认设置

参　数	功　能	设　置
P0003	用户访问级别	=1（标准用户访问级别）
P0010	调试参数	=30（出厂设置）
P0970	用户复位	=1：参数复位为用户默认设置（如已存储），否则复位为出厂默认设置

4）设置参数 P0970 后，变频器会显示 "8 8 8 8 8" 字样且随后显示 "P0970"。P0970 及 P0010 自动复位至初始值 0。变频器接线示意如图 4-3 所示。

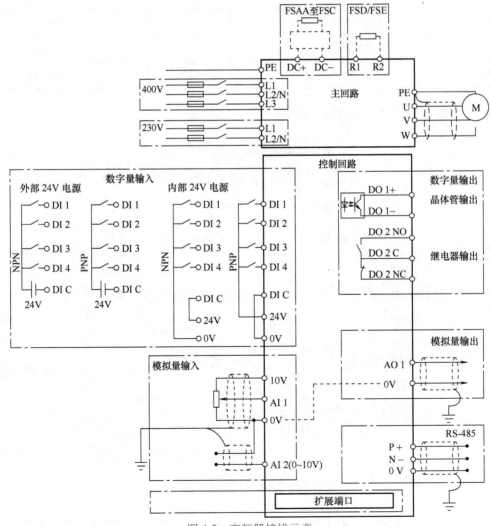

图 4-3　变频器接线示意

在触摸屏上输入电动机转速，PLC 程序将其计算并转换成模拟量数值，范围为 0～27648，通过模拟量输出模块将其传输到变频器的模拟量输入端，控制变频器输出 0～50Hz 的频率，从而控制交流电动机的转速。

三相交流电动机部分本体结构布局如图 4-4 所示。

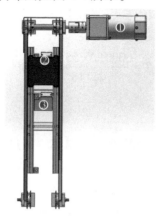

图 4-4　三相交流电动机部分本体结构布局
①—三相异步交流电动机　②—气缸和拍照位传感器　③—气缸和抓取位传感器

PLC 硬件地址配置见表 4-4。

表 4-4　PLC 硬件地址配置

地　　址	信　　号	说　　明	输 出 状 态	
Q2.4	交流 DI1	交流电动机模块启动信号	有效	无效
Q2.5	交流 DI2	交流电动机模块方向信号	有效	无效
QW66	频率	变频器频率模拟量输出值		

4.1.3　模拟量输出介绍

根据模拟量输入模块的输入值计算对应的物理量时，应考虑变送器的输入/输出量程和模拟量输入模块的量程，找出被测物理量与 A-D 转换后的数字量之间的比例关系。

例 4-1　压力变送器的量程为 0～10MPa，输出信号为 4～20mA，模拟量输入模块的量程为 4～20mA，转换后的模拟量数值范围为 0～27648，假设转换后得到的数字为 N，试求以 kPa 为单位的压力值 p。

解： 0～10MPa（0～10000kPa）对应于转换后的数字 0～27648，转换公式为

$$p = 10000N/27648$$

注意：在运算时一定要先乘后除，否则会损失原始数据的精度。

例 4-2　某温度变送器的量程为 -100～500℃，输出信号为 4～20mA，某模拟量输入模块将 0～20mA 的电流信号转换为数字量 0～27648，假设转换后得到的数字为 N，试求以 0.1℃

为单位的温度值 T。

解：单位为 0.1℃ 的温度值 $-1000\sim5000$ 对应于数字量 $5530\sim27648$，得到的比例关系式为

$$\frac{T-(-1000)}{N-5530}=\frac{5000-(-1000)}{27648-5530}$$

整理后得到温度 T 的计算公式为

$$T=\frac{6000(N-5530)}{22118}-1000$$

4.1.4 PLC 指令介绍

（1）NORM_X　可以使用标准化指令 NORM_X，通过将输入 VALUE 中变量的值映射到线性标尺对其进行标准化。可以使用参数 MIN 和 MAX 定义（应用于该标尺的）值范围的限值。输出 OUT 中的结果经过计算并存储为浮点数，这取决于要标准化的值在该值范围中的位置。如果要标准化的值等于输入 MIN 中的值，则该指令将返回结果"0.0"。如果要标准化的值等于输入 MAX 中的值，则该指令将返回结果"1.0"。

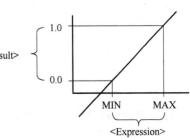

图 4-5　标准化指令示意图

使用以下语法更改指令的数据类型：

NORM_X_\<data type\>（）；

以图 4-5 所示标准化指令示意图为例，举例说明如何标准化值。

该指令的工作原理如下：

```
SCL
"Tag_Result1":=NORM_X(MIN:="Tag_Value1",
VALUE:="Tag_InputValue",
MAX:="Tag_Value2");
```

标准化指令中各个操作数的数值见表 4-5。

表 4-5　标准化指令中各个操作数的数值

操 作 数	数 值
Tag_InputValue	20
Tag_Value1	10
Tag_Value2	30
Tag_Result1	0.5

（2）SCALE_X　使用缩放指令 SCALE_X 将浮点数映射到指定的取值范围来进行缩放。可使用 MIN 和 MAX 参数指定取值范围。

使用以下语法更改指令的数据类型：

SCALE_X_<data type>（）；

以图4-6所示缩放指令示意图为例，举例说明如何缩放值。

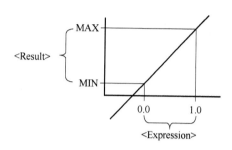

图 4-6　缩放指令示意图

缩放指令将按以下公式进行计算：

OUT＝［VALUE＊（MAX-MIN）］＋MIN

SCL

```
"Tag_Result1":=SCALE_X(MIN:="Tag_Value1",
VALUE:="Tag_Real",
MAX:="Tag_Value2");
```

缩放指令中各个操作数的数值见表4-6。

表 4-6　缩放指令中各个操作数的数值

操 作 数	数 值
Tag_Real	0.5
Tag_Value1	10
Tag_Value2	30
Tag_Result1	20

4.2　实训任务

4.2.1　触摸屏变量分析

如图4-7所示，触摸屏可分为模块状态、速度调节、手动测试和自动测试4个模块。按照图4-7添加相对应的圆形控件、速度棒图控件等控件，变量关联在PLC程序完成编写后进行。

在触摸屏用到的变量中，尽量采用PLC硬件地址配置表的变量或者全局数据块的变量。

触摸屏上输入电动机转速，在 PLC 中要转换为对应的模拟量值，PLC 的模拟量输出为 0~27648 时，输出电流范围为 0~20mV，对应的变频器输出频率为 0~50Hz；输入的电动机转速对应的模拟量输出值=电动机转速×27648/1350。

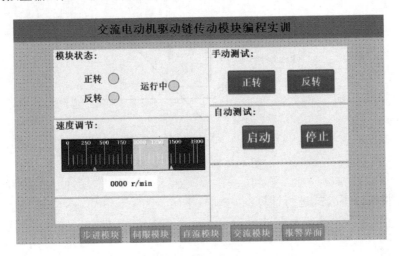

图 4-7　触摸屏示意图

4.2.2　编写 PLC 程序

1）建立 PLC 变量表，添加"PLC 配置表"。"PLC 变量"→双击"添加新变量表"→命名"PLC 配置表"，根据图 4-8 所示的 PLC 硬件地址配置表进行逐项输入，并且做好注释（见图 4-9）。

滚水线		名称	数据类型	地址
1		ob_交流DI1	Bool	%Q2.4
2		ob_交流DI2	Bool	%Q2.5
3		ow_交流电动机模拟量	Word	%QW66

图 4-8　PLC 硬件地址配置表

GVL		名称	数据类型	起始值
1	▼	Static		
2	▼	HMI	Struct	
3		ib_启动	Bool	false
4		ib_停止	Bool	false
5		ir_速度	Real	0.0
6		ib_正转	Bool	false
7		ib_反转	Bool	false
8		ob_运行中	Bool	false
9		ob_正转	Bool	false
10		ob_反转	Bool	false

图 4-9　全局变量表 GVL

2）交流电动机模块［FB1］编程。添加"交流电动机"函数块。"程序块"→双击"添加新块"→选择"函数块"→输入名称"交流电动机"→编程语言选择"LAD"，单击"确定"按钮，完成函数块的新建，并建立"交流电动机"函数块的 Input（输入变量）、Output（输出变量）、InOut（输入/输出变量）、Temp（临时变量）和 Static（静态变量）五种类型局部变量，如图 4-10 所示。

		名称	数据类型	默认值
1	▼	Input		
2	■	启动	Bool	false
3	■	停止	Bool	false
4	■	速度	Real	0.0
5	■	点动正转	Bool	false
6	■	点动反转	Bool	false
7	▼	Output		
8	■	交流电动机模拟量输出	Word	16#0
9	■	正转	Bool	false
10	■	反转	Bool	false
11	■	运行中	Bool	false
12	▼	InOut		
13	■	<新增>		
14	▼	Static		
15	■	启动自锁	Bool	false
16	■ ▼	点动	Struct	
17	■	正传	Bool	false
18	■	反转	Bool	false
19	▶	自动运行	Struct	
20	▼	Temp		
21	■	temp1	Real	
22	▼	Constant		
23	■	<新增>		

图 4-10 "交流电动机"函数块的局部变量

3）电动机转速的模拟量转换。图 4-11 所示为电动机转速的模拟量输出程序。

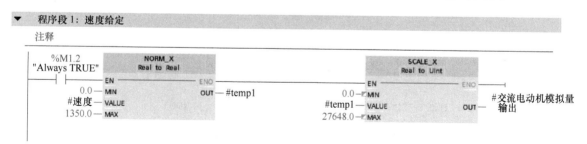

图 4-11 电动机转速的模拟量输出程序

4）电动机正反转的运动控制程序如图 4-12 所示。

5）MAIN［OB1］主程序调用"交流电动机"函数块，如图 4-13 所示。

4.2.3 程序调试

1）用西门子编程电缆将系统 PLC 和计算机进行连接。

2）运行 TIA 15 软件，打开编好的 PLC 程序"交流电动机驱动链传动模块编程实训"。

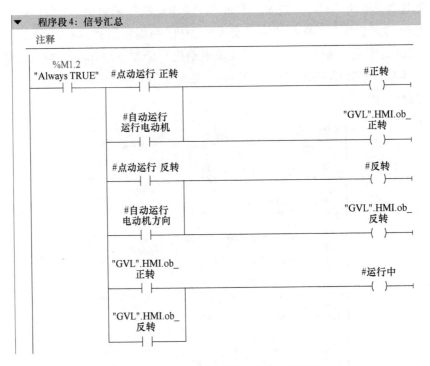

图 4-12 电动机正反转的运动控制程序

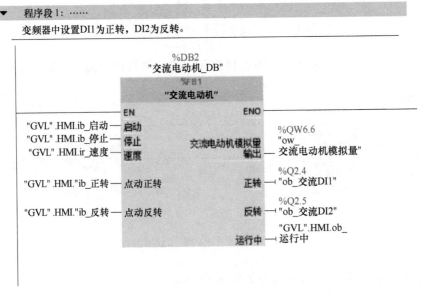

图 4-13 新"程序段 1"

3）按下交流电动机模块的"启动"按钮，程序开始运行。

4）启动交流电动机，输出点 Q2.4 输出有效，给变频器反转运行信号。

5）转速要经过程序的计算转换成 PLC 模拟量的输出，输出给变频器，从而改变变频器的输出频率，改变电动机的转速。

6）有意外情况时，断开系统电源。

7）学生可以在教师的指导下参考本例编写自己的程序，然后下载到 PLC 中。

8）实训完成后，如程序发生更改，请恢复原有的程序，否则系统可能不能正常运行。

4.3　注意事项

1）在教师的指导下进行实训。

2）系统通电后，身体的任何部位不要进入系统运动可达范围之内。

3）系统运行中，不要人为干扰系统的传感器信号，否则系统不能正常工作。

4）系统运行时不要将身体的任何部位伸到模块保护罩里面，以免发生危险。

5）变频器需设置成模拟量调速模式。

模块 5 三坐标机器人位置运动控制编程实训

5.1 实训准备

三坐标机器人是指在工业应用中能够实现自动控制的、可重复编程的、运动自由度仅包含三维空间正交平移的自动化设备。其组成部分包含直线运动轴、运动轴的驱动系统、控制系统、终端设备，可在多领域进行应用，有超大行程、组合能力强等优点。本平台采用闭环步进电动机驱动，弹性联轴器一端连接步进电动机轴，另一端连接滚珠丝杠，平台上安装有光电开关用以实现步进电机的定位控制。模组可实现寻零、手动自动运行、位移输入运行等功能。三坐标机器人由步进电动机、弹性联轴器、滚珠丝杠螺母副、支撑型直线导轨、旋转编码器、各处支架、轴承与连接板等组成。步进电动机模块本体结构布局如图 5-1 所示，各部件名称和作用如下：①为光电开关，Z 轴正向限位开关；②为光电开关，Z 轴负向限位开关；③为光电开关，Y 轴正向限位开关；④为光电开关，Y 轴负向限位开关；⑤为光电开关，X 轴原点

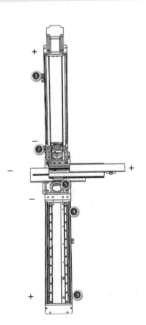

图 5-1　步进电动机模块本体
结构布局

开关。

　　本实训通过触摸屏来控制步进电动机模块 X 轴、Y 轴和 Z 轴的正反向运动，X 轴通过 PLC 本体第 4 路高速脉冲输出 Q0.6 来控制脉冲，Q0.7 来控制方向；Y 轴通过 PLC 本体第 2 路高速脉冲输出 Q0.2 来控制脉冲，Q0.3 来控制方向；Z 轴通过 PLC 本体第 3 路高速脉冲输出 Q0.4 来控制脉冲，Q0.5 来控制方向。通过本实训，学生能了解到步进电动机的工作原理，并掌握通过 PLC 控制步进电动机运行的方法。步进电动机模块中运动控制方式采用运动控制指令，能够满足模块的性能要求。

5.2　三坐标机器人复位与点动

　　本实训通过 PLC 输出高速脉冲来控制三维移动平台的联动，寻找各轴的原点位置。按下触摸屏上的"回零启动"按钮，模块开始回零运动，先往负向限位运动，到达负向限位后停止，再返回运动一定距离后到达一个位置，然后把运动完成后停止的位置设置为原点位置，各轴的位置计算和运动范围的限制都以原点位置作为参考点。为确保能监控实训模型的实时运行状态，运行之前要保证触摸屏和 PLC 之间的通信正常。三轴步进电动机模块 PLC 硬件地址配置见表 5-1。

表 5-1　三轴步进电动机模块 PLC 硬件地址配置

输　入　点	信　　号	说　　明	输入状态	
			ON	OFF
I5.0	_XELP	步进电动机 X 轴正限位开关	有效	无效
I5.1	YELP	步进电动机 Y 轴正限位开关	有效	无效
I5.2	ZELP	步进电动机 Z 轴正限位开关	有效	无效
I1.0	码垛机步进 Y 轴_归位开关	步进电动机 X 轴负限位开关	有效	无效
I1.1	码垛机步进 Z 轴_归位开关	步进电动机 Y 轴负限位开关	有效	无效
I0.7	码垛机步进 X 轴_归位开关	步进电动机 Z 轴负限位开关	有效	无效
Q0.2	码垛机步进 Y 轴_脉冲		有效	无效
Q0.3	码垛机步进 Y 轴_方向		有效	无效
Q0.4	码垛机步进 Z 轴_脉冲		有效	无效
Q0.5	码垛机步进 Z 轴_方向		有效	无效
Q0.6	码垛机步进 X 轴_脉冲		有效	无效
Q0.7	码垛机步进 X 轴_方向		有效	无效
Q2.1	_步进 X_enable		有效	无效
Q2.2	_步进 Y_enable		有效	无效
Q2.3	_步进 Z_enable		有效	无效

5.2.1 S7-1200 PLC 中的运动控制组态

（1）步进 X 轴组态

1）添加工艺对象。

① 添加 X 轴工艺。从项目树中选择"工艺对象"，双击下方的"新增对象"，选择"运动控制"，选中"TO_PositioningAxis"，输入对象名称"步进 X 轴"，单击"确定"按钮。图 5-2 所示为添加新工艺对象，图 5-3 所示为选定脉冲序列输出。

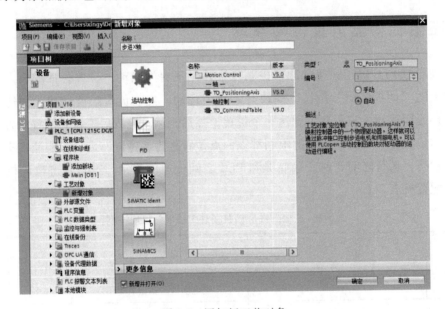

图 5-2　添加新工艺对象

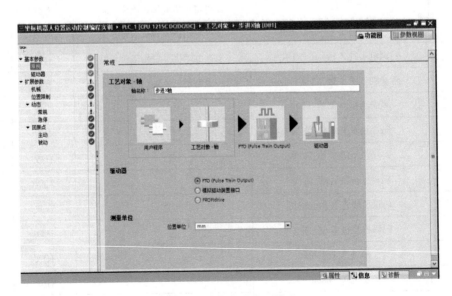

图 5-3　选定脉冲序列输出

②选择"基本参数"下的"驱动器",脉冲发生器选择"Pulse_4",信号类型选择"PTO（脉冲 A 和方向 B）",如图 5-4 所示。在"基本参数"下的"常规"选项卡中将测量单位选择为"mm"。

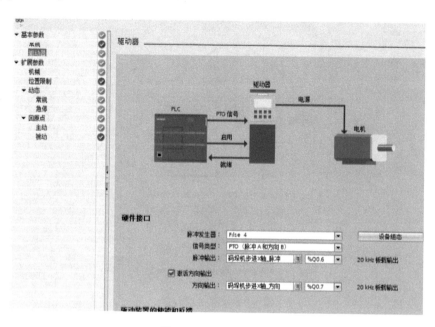

图 5-4　设置常规参数

2）选择"扩展参数"→"机械","电机每转的脉冲数"设为"12800","电机每转的负载位移"设为 186.0mm,如图 5-5 所示。

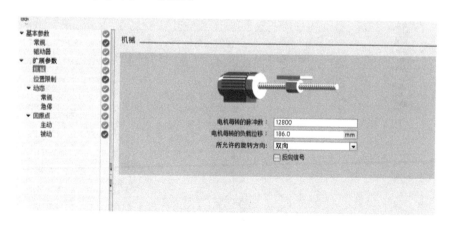

图 5-5　设置扩展参数

3）"扩展参数"→"动态"→"常规",可进行速度相关参数的设置。"速度限值的单位"设为"mm/s","最大转速"设为 50mm/s,"启动/停止速度"设为 1.0mm/s,"加速度"设为 49.0mm/s^2,"减速度"设为 49.0mm/s^2,"加速时间"设为 1.0s,"减速时间"设为 1.0s,如图 5-6 所示。

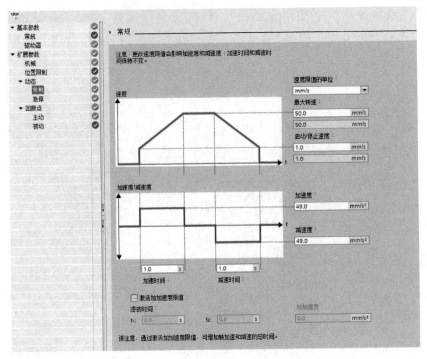

图 5-6　设置速度参数

4）"扩展参数"→"回原点"→"主动"，"输入归位开关"选择码垛机步进 X 轴_归位开关和 I0.7，"接近/回原点方向""接近速度""回原点速度""原点位置偏移量"，应根据实际情况设置参数，如图 5-7 所示。原点位置偏移量为"0"，表示不偏移，参考点就在原点位置。

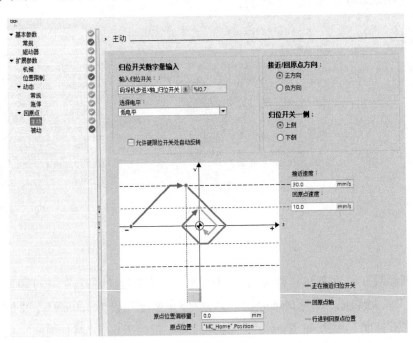

图 5-7　回原点设置

（2）步进 Y 轴组态　按照上述方法添加"步进 Y 轴"工艺对象，并进行参数设置。

1）确定"驱动器"的参数，如图 5-8 所示。

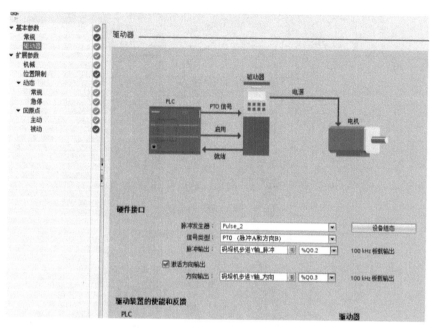

图 5-8　"驱动器"的参数设置

2）确定"机械"的参数，如图 5-9 所示。

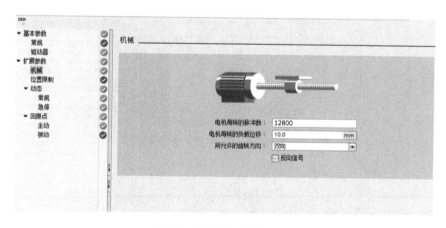

图 5-9　"机械"的参数设置

3）确定"动态"→"常规"的参数，如图 5-10 所示。

4）确定"回原点"→"主动"的参数，如图 5-11 所示。

（3）步进 Z 轴组态　按照上述方法添加"步进 Z 轴"工艺对象，并进行参数设置。

1）确定"驱动器"的参数，如图 5-12 所示。

2）确定"机械"的参数，如图 5-13 所示。

3）确定"动态"→"常规"的参数，如图 5-14 所示。

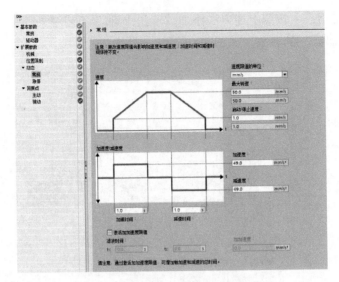

图 5-10 "动态"→"常规" 的参数设置

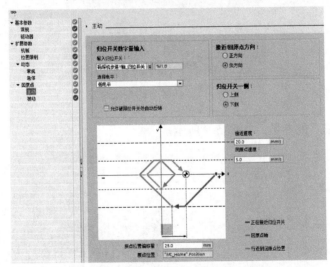

图 5-11 "回原点"→"主动" 的参数设置

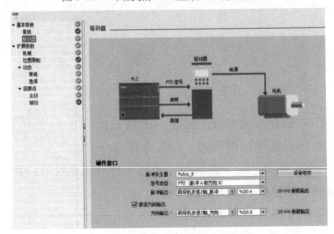

图 5-12 "驱动器" 的参数设置

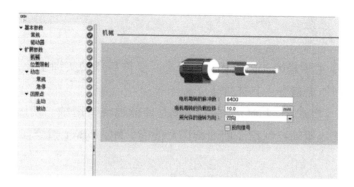

图 5-13 "机械"的参数设置

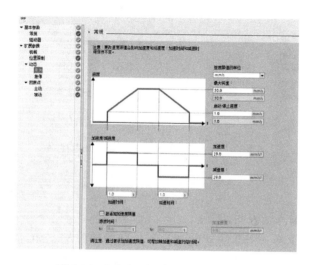

图 5-14 "动态"→"常规"的参数设置

4）确定"回原点"→"主动"的参数，如图 5-15 所示。

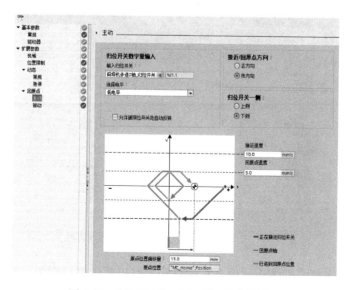

图 5-15 "回原点"→"主动"的参数设置

5.2.2 PLC 指令介绍

本节的 PLC 指令主要是运动控制相关的指令。复位与点动实训主要用到启动/禁用轴指令、停止轴指令和回原点指令，具体如下：

（1）MC_Power（启动/禁用轴） 它的功能是使能轴或禁用轴。使用要点是：在程序里一直调用，并且在其他运动控制指令前面调用并使能。MC_Power 指令如图 5-16 所示。

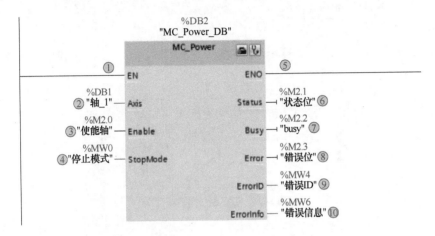

图 5-16 MC_Power 指令

MC_Power 指令的输入端说明如下：

1）EN：这是 MC_Power 指令的使能端，不是轴的使能端。MC_Power 指令必须在程序里一直调用，并保证 MC_Power 指令在其他 Motion Control 指令前面调用。

2）Axis：轴名称。可以有多种方式输入轴名称。

① 用鼠标直接从博途软件左侧项目树中拖拽轴的工艺对象，如图 5-17 所示。

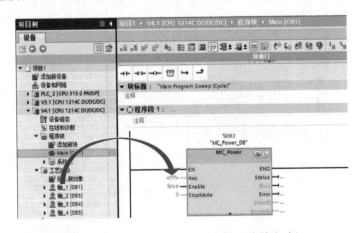

图 5-17 MC_Power 函数块选定轴（拖拽方式）

② 用键盘输入字符，则博途软件会自动显示出可以添加的轴对象，如图 5-18 所示。

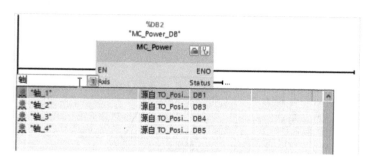

图 5-18　MC_Power 函数块选定轴（手动输入方式）

③ 用复制的方式把轴的名称复制到指令上，如图 5-19 所示。

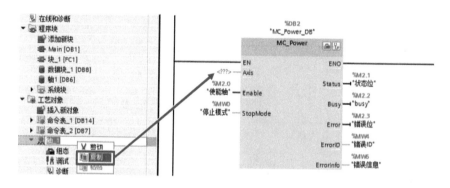

图 5-19　MC_Power 函数块选定轴（复制名称方式）

④ 还可以用鼠标双击"Aixs"，系统会出现右边带可选按钮的白色长条框，这时用鼠标单击"选择"按钮，就会出现图 5-20 中的列表。

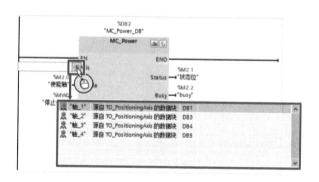

图 5-20　MC_Power 函数块选定轴（下拉选择方式）

3）Enable：轴使能端。

Enable = 0：根据 StopMode 设置的模式来停止当前轴的运行。

Enable = 1：如果组态了轴的驱动信号，则 Enable = 1 时将接通驱动器的电源。

4）StopMode：轴停止模式。

StopMode = 0：紧急停止，按照轴工艺对象参数中"急停"中设置的速度或时间来停止轴，如图 5-21 所示。

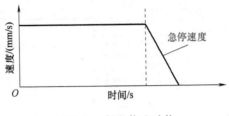

图 5-21　紧急停止功能

StopMode = 1：立即停止，PLC 立即停止发脉冲，如图 5-22 所示。

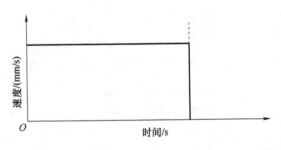

图 5-22　立即停止功能

StopMode = 2：带有加速度变化率控制的紧急停止。如果用户组态了加速度变化率，则轴在减速时会把加速度变化率考虑在内，减速曲线变得平滑，如图 5-23 所示。

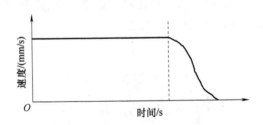

图 5-23　带有加速度变化率控制的紧急停止功能

MC_Power 指令的输出端说明如下：

1）ENO：使能输出。

2）Status：轴的使能状态。

3）Busy：标记 MC_Power 指令是否处于活动状态。

4）Error：标记 MC_Power 指令是否产生错误。

5）ErrorID：当 MC_Power 指令产生错误时，用 ErrorID 表示错误号。

6）ErrorInfo：当 MC_Power 指令产生错误时，用 ErrorInfo 表示错误信息。

结合 ErrorID 和 ErrorInfo 数值，查看手册或者博途软件的帮助信息中的说明，得到错误原因。

（2）MC_Halt（停止轴）　通过运动控制指令 MC_Halt，可停止所有运动并以组态的减速度停止轴，如图 5-24 所示。该指令未定义停止位置。MC_Halt 指令的参数见表 5-2。

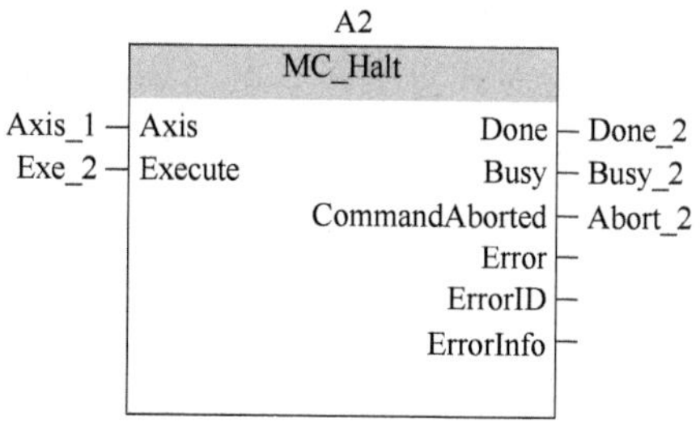

使用 MC_Halt 指令的要求：

1）定位轴工艺对象已正确组态。

2）轴已启用。

新的 MC_Halt 指令可中止下列激活的运动控制命令：

- MC_Home 指令（Mode=3）。
- MC_Halt 指令。
- MC_MoveAbsolute 指令。
- MC_MoveRelative 指令。
- MC_MoveVelocity 指令。
- MC_MoveJog 指令。
- MC_CommandTable 指令。

图 5-24　MC_Halt 指令

表 5-2　MC_Halt 指令的参数

参　　数	声　　明	数据类型	默 认 值	说　　明	
Axis	INPUT	TO_SpeedAxis	—	轴工艺对象	
Execute	INPUT	BOOL	FALSE	上升沿时启动指令	
Done	OUTPUT	BOOL	FALSE	TRUE	速度达到零
Busy	OUTPUT	BOOL	FALSE	TRUE	正在执行指令
CommandAborted	OUTPUT	BOOL	FALSE	TRUE	指令在执行过程中被另一指令中止
Error	OUTPUT	BOOL	FALSE	TRUE	执行指令期间出错。错误原因，请参见 "ErrorID" 和 "ErrorInfo" 的参数说明
ErrorID	OUTPUT	WORD	16#0000	参数 "Error" 的错误信息 ID	
ErrorInfo	OUTPUT	WORD	16#0000	参数 "ErrorID" 的错误信息 ID	

轴由 MC_Halt 指令制动，直至停止为止。通过 "Done_2" 发出轴停止的信号。

当 MC_Halt 指令对轴进行制动时，另一个运动控制指令会中止该指令，将通过 "Abort_2" 发出中止信号。

（3）MC_Home（回原点）　MC_Home 指令的参数见表 5-3。

STEP 7 会在插入指令时自动创建数据块（DB）。在 SCL 示例中，"MC_Home_DB" 是背景数据块的名称。

可使用以下类型的回原点：

1）绝对式直接回原点（Mode＝0）：当前轴位置被设置为参数"Position"的值。

2）相对式直接回原点（Mode＝1）：当前轴位置的偏移量为参数"Position"的值。

3）被动回原点（Mode＝2）：在被动回原点期间，指令 MC_Home 不会执行任何回原点运动。用户必须通过其他运动控制指令来执行该步骤所需的行进运动。检测到参考点开关时，轴将回到原点。

4）主动回原点（Mode＝3）：自动执行回原点步骤。

表 5-3 MC_Home 指令的参数

参　　数	声　　明	数据类型	默 认 值	说　　明	
Axis	INPUT	TO_Axis	—	轴工艺对象	
Execute	INPUT	BOOL	FALSE	上升沿时启动指令	
Position	INPUT	REAL	0.0	Mode＝0、2 和 3：完成回原点操作之后，轴的绝对位置 Mode＝1：对当前轴位置的修正值限值为 $-1.0E12 \leqslant Position \leqslant 1.0E12$	
Mode	INPUT	INT	0	回原点模式	
				0	绝对式直接归位，新的轴位置为参数"Position"的值
				1	相对式直接归位，新的轴位置等于当前轴位置+参数"Position"的值
				2	被动回原点，将根据轴组态进行回原点。回原点后，将新的轴位置设置为参数"Position"的值
				3	主动回原点，按照轴组态进行回原点操作。回原点后，将新的轴位置设置为参数"Position"的值
				6	绝对编码器调节（相对），将当前轴位置的偏移值设置为参数"Position"的值。计算出的绝对值偏移值保持性地保存在 CPU 内（<轴名称>. StatusSensor. AbsEncoderOffset）
				7	绝对编码器调节（绝对），将当前的轴位置设置为参数"Position"的值。计算出的绝对值偏移值保持性地保存在 CPU 内（<轴名称>. StatusSensor. AbsEncoderOffset）

（续）

参 数	声 明	数据类型	默 认 值		说 明
Done	OUTPUT	BOOL	FALSE	TRUE	指令已完成
Busy	OUTPUT	BOOL	FALSE	TRUE	指令正在执行
CommandAborted	OUTPUT	BOOL	FALSE	TRUE	指令在执行过程中被另一指令中止
Error	OUTPUT	BOOL	FALSE	TRUE	执行指令期间出错。错误原因，请参见"ErrorID"和"ErrorInfo"的参数说明
ErrorID	OUTPUT	WORD	16#0000		参数"Error"的错误信息 ID
ErrorInfo	OUTPUT	WORD	16#0000		参数"ErrorID"的错误信息 ID
ReferenceMark Position	OUTPUT	REAL	0.0		显示工艺对象归位位置（"Done"＝TRUE 时有效）

5.2.3 触摸屏变量分析

利用触摸屏（见图 5-25）实现 3 个轴的复位和停止。"手动测试"部分变量的默认值可以改为1mm/s。速度需要从小调整到大时，应避免调整过快，否则会因来不及反应而造成事故，同时可能造成机械冲击。

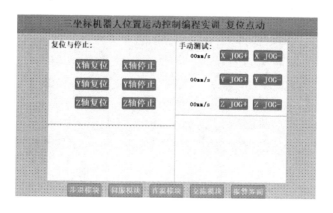

图 5-25 触摸屏

5.2.4 编写 PLC 程序

1）建立 PLC 变量表，添加"PLC 配置表"。"PLC 变量"→双击"添加新变量表"→命名"PLC 配置表"，根据图 5-26 所示的 PLC 硬件地址配置表进行逐项输入，并且做好注释。前面 6 个变量已经在三轴步进电动机模块 PLC 硬件地址配置表添加完了。

2）新建全局变量表，如图 5-27 所示。

图 5-26　PLC 硬件地址配置表

	三坐标机器人		
	名称	数据类型	地址
1	_XELP	Bool	%I5.0
2	YELP	Bool	%I5.1
3	ZELP	Bool	%I5.2
4	_步进X_enable	Bool	%Q2.1
5	_步进Y_enable	Bool	%Q2.2
6	_步进Z_enable	Bool	%Q2.3
7	码垛机步进X轴_脉冲	Bool	%Q0.6
8	码垛机步进X轴_方向	Bool	%Q0.7
9	码垛机步进X轴_归位开关	Bool	%I0.7
10	码垛机步进Y轴_脉冲	Bool	%Q0.2
11	码垛机步进Y轴_方向	Bool	%Q0.3
12	码垛机步进Y轴_归位开关	Bool	%I1.0
13	码垛机步进Z轴_脉冲	Bool	%Q0.4
14	码垛机步进Z轴_方向	Bool	%Q0.5
15	码垛机步进Z轴_归位开关	Bool	%I1.1

图 5-27　全局变量表

		名称			数据类型	起始值	保持	可从HMI/...	从H...
1	▼ Static								
2	▼ HMI				Struct			☑	☑
3	■ ib_自动回原点				Bool	false		☑	☑
4	■ ib_停止				Bool	false		☑	☑
5	▼ X Axis				"Axis 指令"			☑	☑
6	■ MC_Home_Exe				Bool	false		☑	☑
7	■ MC_Home_Mo...				Int	3		☑	☑
8	■ Mc_Halt_Exe				Bool	false		☑	☑
9	■ Mc_Jog+				Bool	false		☑	☑
10	■ Mc_Jog-				Bool	false		☑	☑
11	■ Mc_Jog_Vel				Real	5.0		☑	☑
12	■ Mc_Power_Exe				Bool	false		☑	☑
13	■ MC_Home_Done				Bool	false		☑	☑
14	▼ Y Axis				"Axis 指令"			☑	☑
15	■ MC_Home_Exe				Bool	false		☑	☑
16	■ MC_Home_Mo...				Int	3		☑	☑
17	■ Mc_Halt_Exe				Bool	false		☑	☑
18	■ Mc_Jog+				Bool	false		☑	☑
19	■ Mc_Jog-				Bool	false		☑	☑
20	■ Mc_Jog_Vel				Real	5.0		☑	☑
21	■ Mc_Power_Exe				Bool	false		☑	☑
22	■ MC_Home_Done				Bool	false		☑	☑
23	▼ Z Axis				"Axis 指令"			☑	☑
24	■ MC_Home_Exe				Bool	false		☑	☑
25	■ MC_Home_Mo...				Int	3		☑	☑
26	■ Mc_Halt_Exe				Bool	false		☑	☑
27	■ Mc_Jog+				Bool	false		☑	☑
28	■ Mc_Jog-				Bool	false		☑	☑
29	■ Mc_Jog_Vel				Real	5.0		☑	☑
30	■ Mc_Power_Exe				Bool	false		☑	☑
31	■ MC_Home_Done				Bool	false		☑	☑

3）添加新的 PLC 数据类型，命名为 "Axis 指令"，填入图 5-28 所示内容。

4）添加 "轴控制" 函数块。"程序块" →双击 "添加新块" →选择 "函数块" →输入名称 "轴控制" →编程语言选择 "LAD"，单击 "确定" 按钮，完成函数块的新建，并建立轴控制函数块（见图 5-29）的 Input（输入变量）、Output（输出变量）、InOut（输入/输出变量）、Temp（临时变量）和 Static（静态变量）5 种类型的局部变量。

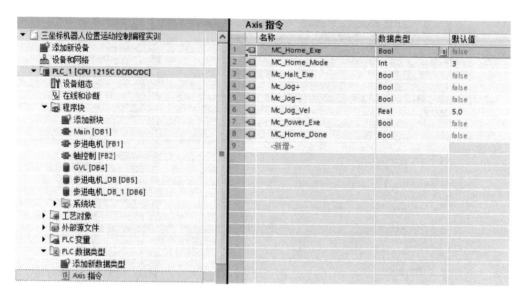

图 5-28 "Axis 指令"数据类型

图 5-29 中，Axis 的数据类型为 TO_PositioningAxis（这个参数要手动输入进去），Static 中的变量是调用运动控制指令的调用选项中选择"多重背景"自动生成的。

		名称	数据类型	默认值	保持	可从 HMI/...	从 H...	在 HMI ...
1	▼	Input						
2	▶	Axis	TO_Positioning...		▼	☐	☐	☐
3		MC_Home_Exe	Bool	false	非保持	☑	☑	☑
4		MC_Home_Mode	Int	0	非保持	☑	☑	☑
5		Mc_Halt_Exe	Bool	false	非保持	☑	☑	☑
6		Mc_Jog+	Bool	false	非保持	☑	☑	☑
7		Mc_Jog-	Bool	false	非保持	☑	☑	☑
8		Mc_Jog_Vel	Real	0.0	非保持	☑	☑	☑
9		Mc_Power_Exe	Bool	false	非保持	☑	☑	☑
10	▼	Output				☐	☐	☐
11		MC_Home_Done	Bool	false	非保持	☑	☑	☑
12	▼	InOut						
13		<新增>						
14	▼	Static						
15	▶	MC_Power_Instance	MC_Power			☑	☑	☑
16	▶	MC_Halt_Instance	MC_Halt			☑	☑	☑
17	▶	MC_MoveJog_Instance	MC_MoveJog			☑	☑	☑
18	▶	MC_Home_Instance	MC_Home			☑	☑	☑
19	▼	Temp				☐	☐	☐
20		<新增>						
21	▼	Constant				☐	☐	☐

图 5-29 轴控制函数块的局部变量

MC_Power、MC_Halt、MC_MoveJog、MC_Home 等功能块要从右侧的"工艺"拉进程序里面，如图 5-30 所示。

5）轴控制函数块编程。

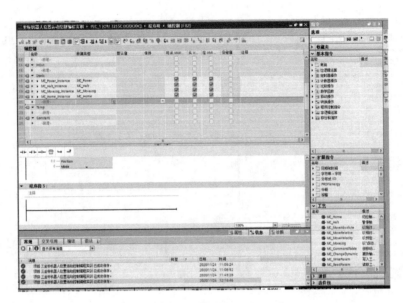

图 5-30　运动功能块

① 建立轴控制函数块。在"工艺"指令集的"Motion Control"中，选择"MC_Power"指令，在生成的对话框中，选择"多重实例"会自动生成接口函数"#MC_Power_Instance"。和"MC_Power"指令类似，加入"MC_Halt"和"MC_Home"指令，并且都选择"多重实例"。图 5-31 所示为运动功能块的调用。

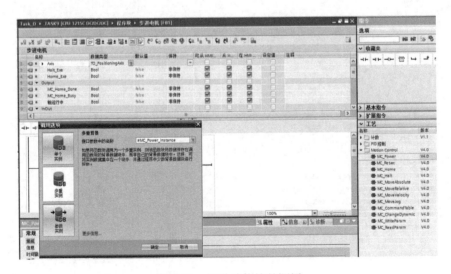

图 5-31　运动功能块的调用

② 启动轴程序如图 5-32 所示。

③ 停止轴程序如图 5-33 所示。

④ 点动程序如图 5-34 所示。

⑤ 轴复位程序如图 5-35 所示。

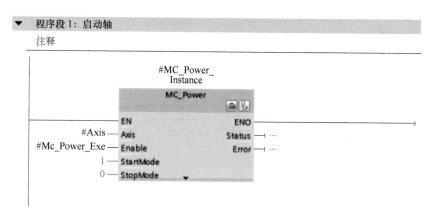

图 5-32　启动轴程序

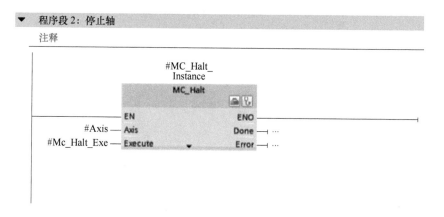

图 5-33　停止轴程序

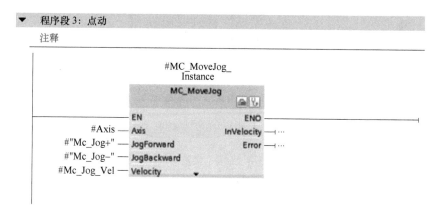

图 5-34　点动程序

6）步进电动机函数块调用轴控制子程序。步进电动机接口参数如图 5-36 所示。

7）调用"轴控制［FB2］"时，"调用选项"选择"多重实例"，如图 5-37 所示。

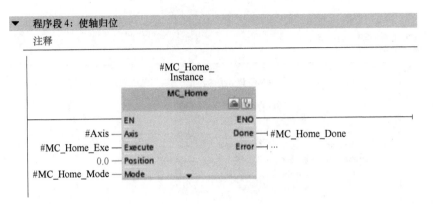

图 5-35 轴复位程序

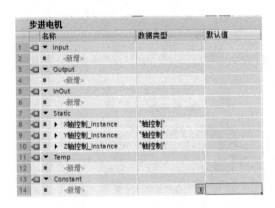

图 5-36 步进电动机接口参数

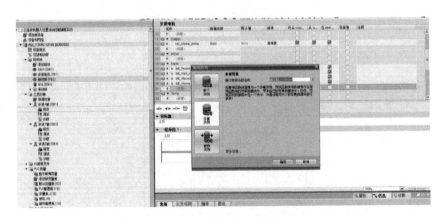

图 5-37 选择"多重实例"

① X 轴控制程序如图 5-38 所示。

② Y 轴控制程序如图 5-39 所示。

③ Z 轴控制程序如图 5-40 所示。

8) 如图 5-41 所示,Main［OB1］程序块调用步进电动机函数块。调用步进电动机函数块时,"调用选项"选择"单个实例"。

程序段 1：······

注释

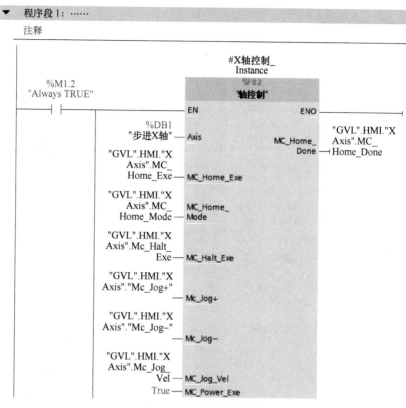

图 5-38   X 轴控制程序

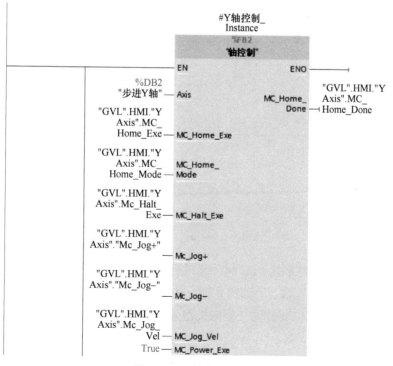

图 5-39   Y 轴控制程序

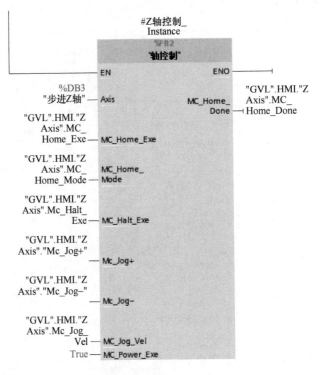

图 5-40　Z 轴控制程序

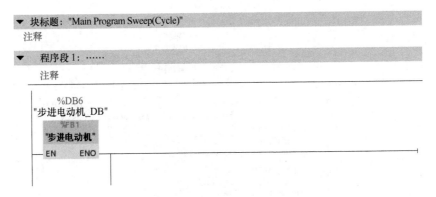

图 5-41　步进电机调用程序

5.2.5　程序调试

1）用西门子编程电缆将系统 PLC 和计算机进行连接。

2）本次实训内容分为 X 轴、Y 轴和 Z 轴，关联变量时要注意 X 轴、Y 轴、Z 轴的变量。

3）在 HMI 调试过程中，要注意三坐标机器人的 X 轴、Y 轴、Z 轴不要和实训平台其他部位碰撞。

4）如果在调试过程中发现了不正常，及时按下"急停"按钮或者"停止"按钮，然后再回到计算机端重新调试。

5）根据实训项目指导书编写 PLC 控制程序和触摸屏程序，并下载触摸屏程序到触摸屏，下载 PLC 控制程序到 PLC。

6）按下"回零"按钮，回零完成后停止回零动作。

7）学生可以在教师的指导下参考本例编写作业程序，然后下载到 PLC。

8）实训完成后，如程序发生更改，请恢复原有的程序，否则系统可能不能正常运行。

5.3　三坐标机器人出库

本实训项目需要通过触摸屏设置需要出库的位置，通过"启动"按钮来实现三坐标机器人 X 轴、Y 轴和 Z 轴的自动出库流程。

5.3.1　PLC 指令介绍

运动控制指令"MC_MoveAbsolute"启动轴定位运动，以将轴移动到某个绝对位置。使用该指令主要有以下要求：定位轴工艺对象已正确组态；轴已启用；轴已回原点。"MC_MoveAbsolute"指令的参数见表 5-4。

表 5-4　"MC_MoveAbsolute"指令的参数

参　　数	声　　明	数据类型	默 认 值	说　　明	
Axis	INPUT	TO_PositioningAxis	—	轴工艺对象	
Execute	INPUT	BOOL	FALSE	上升沿时启动指令	
Position	INPUT	REAL	0.0	绝对目标位置限值：$-1.0E12 \leqslant Position \leqslant 1.0E12$	
Velocity	INPUT	REAL	10.0	轴的速度。由于所组态的加速度和减速度以及待接近的目标位置等原因，不会始终保持这一速度限值：启动/停止速度 $\leqslant$ Velocity $\leqslant$ 最大速度	
Direction	INPUT	INT	1	轴的运动方向	
				0	速度的符号（"Velocity"参数）用于确定运动的方向
				1	正方向（从正方向逼近目标位置）
				2	负方向（从负方向逼近目标位置）
				3	最短距离（工艺将选择从当前位置开始，到目标位置的最短距离）

（续）

参　　数	声　明	数据类型	默 认 值		说　　明
Done	OUTPUT	BOOL	FALSE	TRUE	到达绝对目标位置
Busy	OUTPUT	BOOL	FALSE	TRUE	指令正在执行
CommandAborted	OUTPUT	BOOL	FALSE	TRUE	指令在执行过程中被另一指令中止
Error	OUTPUT	BOOL	FALSE	TRUE	执行指令期间出错。错误原因，参见"ErrorID"和"ErrorInfo"的参数说明
ErrorID	OUTPUT	WORD	16#0000		参数"Error"的错误 ID
ErrorInfo	OUTPUT	WORD	16#0000		参数"ErrorID"的错误信息 ID

5.3.2　触摸屏变量分析

1）三坐标机器人触摸屏的手动控制组态变量如图 5-42 所示，建立图中的全局变量与控件的连接关系，设置好对应控件的属性。

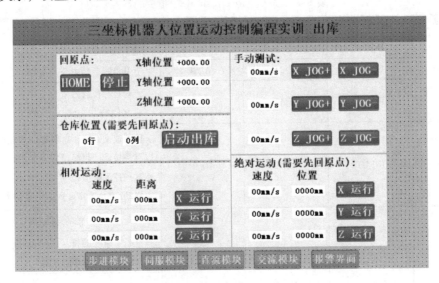

图 5-42　三坐标机器人触摸屏的手动控制组态变量

2）I/O 域的关联。在 PLC 下的工艺对象中选中对应的轴，图 5-43 中的"PLC 变量"选择"Position"。

5.3.3　编写 PLC 程序

1）根据 PLC 硬件地址配置表（见表 5-1）进行逐项配置，并做好相应注释，变量表如

图 5-44所示。

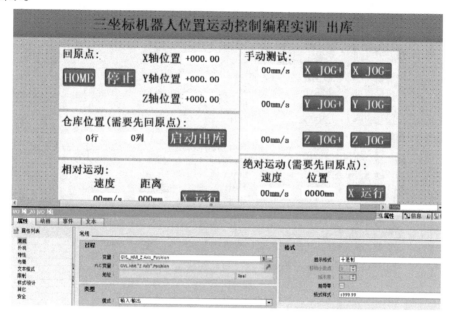

图 5-43　位置变量的关联

		名称	数据类型	地址
1		_XELP	Bool	%I5.0
2		YELP	Bool	%I5.1
3		ZELP	Bool	%I5.2
4		_步进X_enable	Bool	%Q2.1
5		_步进Y_enable	Bool	%Q2.2
6		_步进Z_enable	Bool	%Q2.3
7		码垛机步进X轴_脉冲	Bool	%Q0.6
8		码垛机步进X轴_方向	Bool	%Q0.7
9		码垛机步进X轴_归位开关	Bool	%I0.7
10		码垛机步进Y轴_脉冲	Bool	%Q0.2
11		码垛机步进Y轴_方向	Bool	%Q0.3
12		码垛机步进Y轴_归位开关	Bool	%I1.0
13		码垛机步进Z轴_脉冲	Bool	%Q0.4
14		码垛机步进Z轴_方向	Bool	%Q0.5
15		码垛机步进Z轴_归位开关	Bool	%I1.1

图 5-44　变量表

2）新建全局变量表，如图 5-45 所示。

3）新建数据类型"Axis 指令"，如图 5-46 所示。

4）新建数据类型"仓库位置"，如图 5-47 所示。

5）工艺对象配置参照 5.2 节。

6）轴控制函数块编程。

GVL

	名称	数据类型	起始值
1	▼ Static		
2	▼ HMI	Struct	
3	ib_启动回原点	Bool	false
4	ib_停止	Bool	false
5	出库行	Int	1
6	出库列	Int	1
7	启动出库	Bool	false
8	▶ X Axis	"Axis 指令"	
9	▶ Y Axis	"Axis 指令"	
10	▶ Z Axis	"Axis 指令"	
11	▼ 仓库	Struct	
12	▶ 仓库坐标	Array[1..4, 1..4] of "仓库位置"	
13	▼ 出库放置点	"仓库位置"	
14	X	Real	270.0
15	Y	Real	-5.0
16	Z	Real	30.0

图 5-45 全局变量表

Axis 指令

	名称	数据类型	默认值
1	MC_Home_Exe	Bool	false
2	MC_Home_Mode	Int	3
3	Mc_Halt_Exe	Bool	false
4	Mc_Jog+	Bool	false
5	Mc_Jog-	Bool	false
6	Mc_Jog_Vel	Real	5.0
7	Mc_Power_Exe	Bool	false
8	MC_Home_Done	Bool	false
9	MC_MR_Exe	Bool	false
10	MC_MR_Dis	Real	5.0
11	MC_MR_Vel	Real	5.0
12	MC_Abs_Exe	Bool	false
13	MC_Abs_Dis	Real	5.0
14	MC_Abs_Vel	Real	5.0
15	MC_Abs_Done	Bool	false
16	Position	Real	0.0

图 5-46 数据类型 “Axis 指令”

仓库位置

	名称	数据类型	默认值
1	X	Real	0.0
2	Y	Real	0.0
3	Z	Real	0.0

图 5-47 数据类型 “仓库位置”

① 在工艺指令集的 “Motion Control” 中，需要用到 “MC_Power” “MC_Halt” “MC_Home” “MC_MoveAbsolute” 指令，并且建议都采用多重实例背景。轴控制接口参数如图 5-48 所示。

② 启动轴程序如图 5-49 所示。

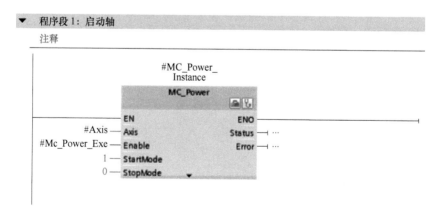

轴控制

		名称	数据类型	默认值
1	▼	Input		
2	■ ▶	Axis	TO_PositioningAxis	
3	■	MC_Home_Exe	Bool	false
4	■	MC_Home_Mode	Int	0
5	■	Mc_Halt_Exe	Bool	false
6	■	Mc_Jog+	Bool	false
7	■	Mc_Jog-	Bool	false
8	■	Mc_Jog_Vel	Real	0.0
9	■	Mc_Power_Exe	Bool	false
10	■	MC_MR_Exe	Bool	false
11	■	MC_MR_Dis	Real	0.0
12	■	MC_MR_Vel	Real	0.0
13	■	MC_Abs_Exe	Bool	false
14	■	MC_Abs_Dis	Real	0.0
15	■	MC_Abs_Vel	Real	0.0
16	▼	Output		
17	■	MC_Home_Done	Bool	false
18	■	MC_Abs_Done	Bool	false
19	▼	InOut		
20	■	<新增>		
21	▼	Static		
22	■ ▶	MC_Power_Instance	MC_Power	
23	■ ▶	MC_Halt_Instance	MC_Halt	
24	■ ▶	MC_MoveJog_Instance	MC_MoveJog	
25	■ ▶	MC_Home_Instance	MC_Home	
26	■ ▶	MC_MoveRelative_Inst...	MC_MoveRelative	
27	■ ▶	MC_MoveAbsolute_In...	MC_MoveAbsolute	
28	▼	Temp		
29	■	<新增>		
30	▼	Constant		
31	■	<新增>		

图 5-48　轴控制接口参数

▼　程序段1：启动轴
注释

#MC_Power_
Instance

MC_Power

EN	ENO
#Axis — Axis	Status — ...
#Mc_Power_Exe — Enable	Error — ...
1 — StartMode	
0 — StopMode	

图 5-49　启动轴程序

③ 停止轴程序如图 5-50 所示。

④ 点动程序如图 5-51 所示。

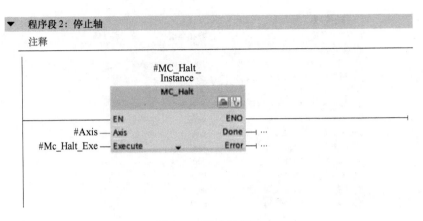

图 5-50　停止轴程序

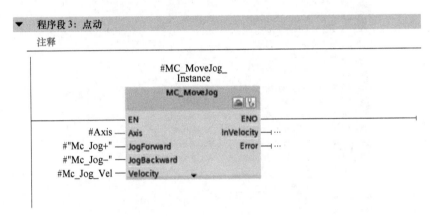

图 5-51　点动程序

⑤ 轴复位程序如图 5-52 所示。

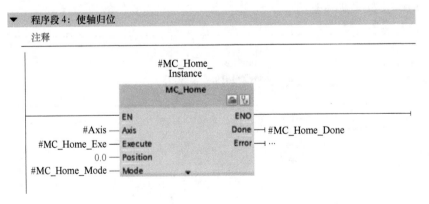

图 5-52　轴复位程序

⑥ 轴相对运动程序如图 5-53 所示。

⑦ 轴绝对运动程序如图 5-54 所示。

程序段 5：轴的相对定位(V6及以上版本)

启动相对于起始位置的定位运动。

#MC_
MoveRelative_
Instance

MC_MoveRelative

EN	ENO	…
#Axis — Axis		
#MC_MR_Exe — Execute	Done	…
#MC_MR_Dis — Distance	Error	
#MC_MR_Vel — Velocity		

图 5-53　轴相对运动程序

程序段 6：轴的绝对定位(V6及以上版本)

运动控制指令"MC_MoveAbsolute"启动轴定位运动，以将轴移动到某个绝对位置。

#MC_
MoveAbsolute_
Instance

MC_MoveAbsolute

EN	ENO	
#Axis — Axis		
#MC_Abs_Exe — Execute	Done	— … #MC_Abs_Done
#MC_Abs_Dis — Position	Error	— …
#MC_Abs_Vel — Velocity		

图 5-54　轴绝对运动程序

7）步进电动机函数块编程（"调用选项"选择"多重实例"）。

① 步进电动机接口参数如图 5-55 所示。

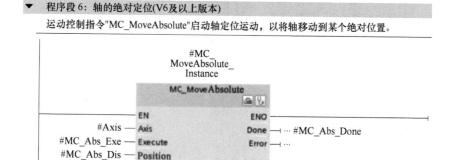

		名称	数据类型	默认值
1	▼	Input		
2	■	＜新增＞		
3	▼	Output		
4	■	＜新增＞		
5	▼	InOut		
6	■	＜新增＞		
7	▼	Static		
8	■ ▶	P_TRIG	Struct	
9	■ ▶	轴控制_Instance	"轴控制"	
10	■ ▶	轴控制_Instance_1	"轴控制"	
11	■ ▶	轴控制_Instance_2	"轴控制"	

步进电机

图 5-55　步进电动机接口参数

② X 轴控制程序如图 5-56 所示。

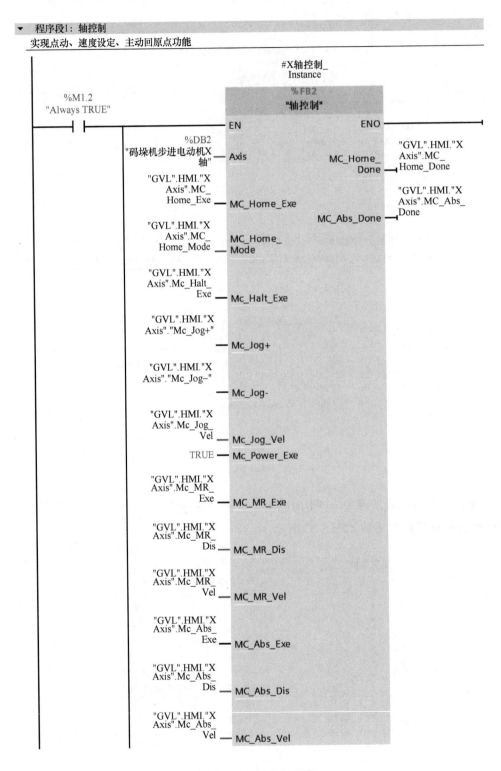

图 5-56　X 轴控制程序

③ Y 轴控制程序如图 5-57 所示。

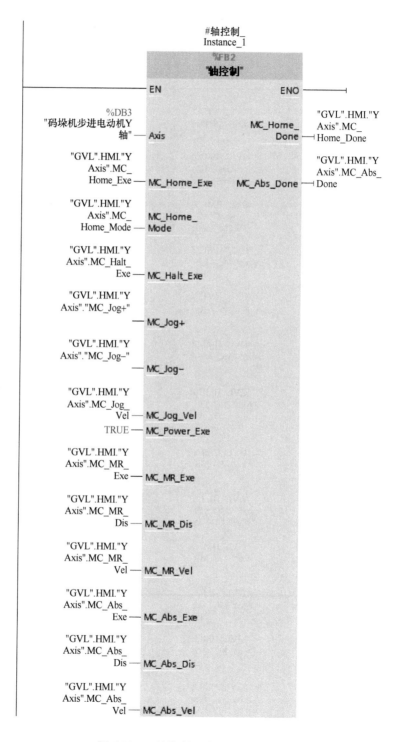

图 5-57　Y 轴控制程序

④ Z 轴控制程序如图 5-58 所示。

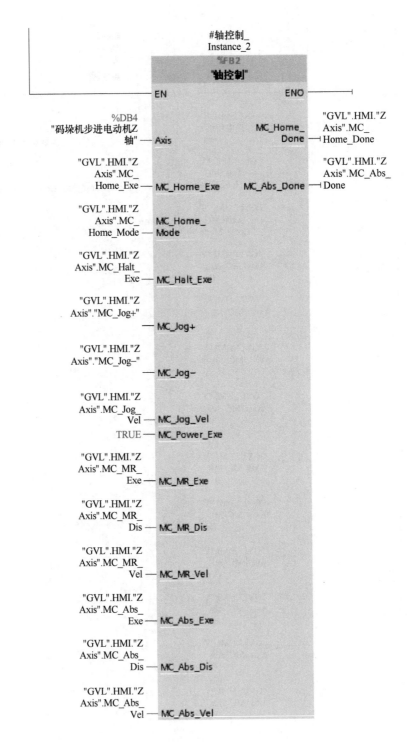

图 5-58　Z 轴控制程序

⑤ 回原点程序如图 5-59 所示。

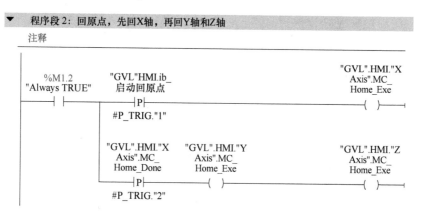

图 5-59　回原点程序

⑥ 三坐标机器人停止和位置显示程序如图 5-60 所示。

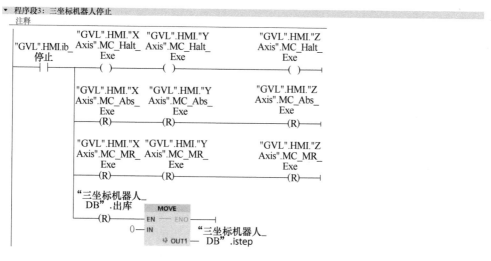

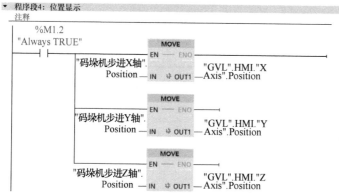

图 5-60　三坐标机器人停止和位置显示程序

8）三坐标机器人出库函数块编程（该函数块采用 SCL 语言编写）。

① 三坐标机器人出库接口参数如图 5-61 所示。

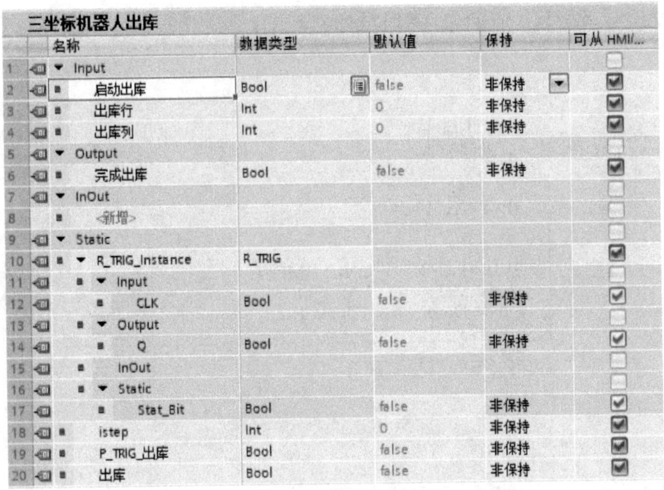

图 5-61　三坐标机器人出库接口参数

SCL 程序段如下：

```
1.//上升沿信号;
2.#R_TRIG_Instance(CLK:=#启动出库,
3.                  Q=>#P_TRIG_出库);
4.//上升沿信号启动出库流程;
5.IF #P_TRIG_出库 THEN
6.    #出库:=TRUE;
7.    #完成出库:=FALSE;
8.
9.    //首先判断是否在原点,然后判断输入的行列是否在1~4之间;
10.   IF #istep=0 AND"码垛机步进 X 轴".Position=0 AND"码垛机步进 Y
轴".Position=0 AND"码垛机步进 Z 轴".Position=0 THEN
11.       IF (#出库列 > 0 AND#出库列<=4)AND (#出库行 > 0 AND#出库行<=
4)THEN
12.           #istep:=1;
13.       END_IF;
14.   END_IF;
15.END_IF;
16.IF #出库 THEN
17.    //给定 Y 轴和 Z 轴的坐标,进行绝对运动。
18.    //因为是出库,z 轴需要运动到托盘下面,所以 Z 轴坐标在托盘下方 10mm;
19.    IF #istep=1 THEN
```

```
20.              "GVL".HMI."Y Axis".MC_Abs_Dis:="GVL".仓库.仓库坐标[#出库
列,#出库行].Y;
21.              "GVL".HMI."Z Axis".MC_Abs_Dis:="GVL".仓库.仓库坐标[#出库
列,#出库行].Z-10;
22.              "GVL".HMI."Y Axis".MC_Abs_Exe:=TRUE;
23.              "GVL".HMI."Z Axis".MC_Abs_Exe:=TRUE;
24.              IF"GVL".HMI."Y Axis".MC_Abs_Done AND"GVL".HMI."Z Axis".
MC_Abs_Done THEN
25.                  "GVL".HMI."Y Axis".MC_Abs_Exe:=FALSE;
26.                  "GVL".HMI."Z Axis".MC_Abs_Exe:=FALSE;
27.                  #istep:=2;
28.              END_IF;
29.          END_IF;
30.
31.      //X轴伸出取工件;X轴的目标位置需要设定为-270mm。
32.      IF #istep=2 THEN
33.          "GVL".仓库.仓库坐标[#出库列,#出库行].X:=-270;
34.          "GVL".HMI."X Axis".MC_Abs_Dis:="GVL".仓库.仓库坐标[#出库
列,#出库行].X;
35.          "GVL".HMI."X Axis".MC_Abs_Exe:=TRUE;
36.          IF"GVL".HMI."X Axis".MC_Abs_Done THEN
37.              "GVL".HMI."X Axis".MC_Abs_Exe:=FALSE;
38.              #istep:=3;
39.          END_IF;
40.      END_IF;
41.
42.      //Z轴提起托盘;
43.      IF #istep=3 THEN
44.          "GVL".HMI."Z Axis".MC_Abs_Dis:="GVL".仓库.仓库坐标[#出库
列,#出库行].Z+20;
45.          "GVL".HMI."Z Axis".MC_Abs_Exe:=TRUE;
46.          IF"GVL".HMI."Z Axis".MC_Abs_Done THEN
47.              "GVL".HMI."Z Axis".MC_Abs_Exe:=FALSE;
48.              #istep:=4;
49.          END_IF;
50.      END_IF;
51.
```

```
52.      //X 轴回到原点;
53.      IF #istep=4 THEN
54.          "GVL". HMI. "X Axis". MC_Abs_Dis:=0;
55.          "GVL". HMI. "X Axis". MC_Abs_Exe:=TRUE;
56.          IF"GVL". HMI. "X Axis". MC_Abs_Done THEN
57.              "GVL". HMI. "X Axis". MC_Abs_Exe:=FALSE;
58.              #istep:=5;
59.          END_IF;
60.      END_IF;
61.
62.      //Y 轴运动到出库放置点,z 轴需要在出库放置点位置正上方 20mm 进行放置;
63.      IF #istep=5 THEN
64.          "GVL". HMI. "Y Axis". MC_Abs_Dis:="GVL". 仓库. 出库放置点. Y;
65.          "GVL". HMI. "Z Axis". MC_Abs_Dis:="GVL". 仓库. 出库放置点. Z + 20;
66.          "GVL". HMI. "Y Axis". MC_Abs_Exe:=TRUE;
67.          "GVL". HMI. "Z Axis". MC_Abs_Exe:=TRUE;
68.          IF"GVL". HMI. "Y Axis". MC_Abs_Done AND"GVL". HMI. "Z Axis".
MC_Abs_Done THEN
69.              "GVL". HMI. "Y Axis". MC_Abs_Exe:=FALSE;
70.              "GVL". HMI. "Z Axis". MC_Abs_Exe:=FALSE;
71.              #istep:=6;
72.          END_IF;
73.      END_IF;
74.
75.      //X 轴运动到流水线上方;
76.      IF #istep=6 THEN
77.          "GVL". HMI. "X Axis". MC_Abs_Dis:="GVL". 仓库. 出库放置点. X;
78.          "GVL". HMI. "X Axis". MC_Abs_Exe:=TRUE;
79.          IF"GVL". HMI. "X Axis". MC_Abs_Done THEN
80.              "GVL". HMI. "X Axis". MC_Abs_Exe:=FALSE;
81.              #istep:=7;
82.          END_IF;
83.      END_IF;
84.
85.      //Z 轴向下运动,放置托盘到流水线上面;
```

```
86.      IF #istep=7 THEN
87.          "GVL".HMI."Z Axis".MC_Abs_Dis:="GVL".仓库.出库放置点.
Z-40;
88.          "GVL".HMI."Z Axis".MC_Abs_Exe:=TRUE;
89.          IF"GVL".HMI."Z Axis".MC_Abs_Done THEN
90.              "GVL".HMI."Z Axis".MC_Abs_Exe:=FALSE;
91.              #istep:=8;
92.          END_IF;
93.      END_IF;
94.
95.      //X轴回到原点;
96.      IF #istep=8 THEN
97.          "GVL".HMI."X Axis".MC_Abs_Dis:=0;
98.          "GVL".HMI."X Axis".MC_Abs_Exe:=TRUE;
99.          IF"GVL".HMI."X Axis".MC_Abs_Done THEN
100.             "GVL".HMI."X Axis".MC_Abs_Exe:=FALSE;
101.             #istep:=9;
102.         END_IF;
103.     END_IF;
104.
105.     //Y轴和Z轴运动到原点;
106.     IF #istep=9 THEN
107.         "GVL".HMI."Y Axis".MC_Abs_Dis:=0;
108.         "GVL".HMI."Z Axis".MC_Abs_Dis:=0;
109.         "GVL".HMI."Y Axis".MC_Abs_Exe:=TRUE;
110.         "GVL".HMI."Z Axis".MC_Abs_Exe:=TRUE;
111.         IF"GVL".HMI."Y Axis".MC_Abs_Done AND"GVL".HMI."Z Axis".
MC_Abs_Done THEN
112.             "GVL".HMI."Y Axis".MC_Abs_Exe:=FALSE;
113.             "GVL".HMI."Z Axis".MC_Abs_Exe:=FALSE;
114.             #istep:=10;
115.         END_IF;
116.     END_IF;
117.
118.     //完成出库,恢复信号;
```

```
119.    IF #istep=10 THEN
120.        #istep:=0;
121.        #完成出库:=TRUE;
122.        #出库:=FALSE;
123.    END_IF;
124.END_IF;
125.
```

② Main［OB1］程序块调用步进电动机函数块，实现对步进电动机相对位置控制，如图 5-62 所示。

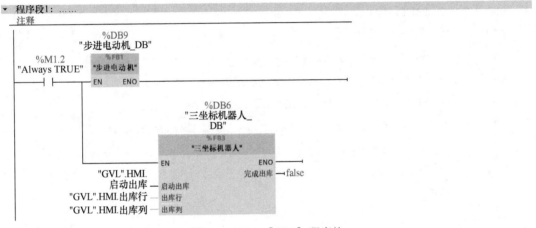

图 5-62　Main［OB1］程序块

5.3.4　程序调试

1）用西门子编程电缆将系统 PLC 和计算机进行连接，打开电源开关。

2）根据实训项目指导书编写 PLC 控制程序和触摸屏程序，并下载触摸屏程序到触摸屏，下载 PLC 控制程序到 PLC。

3）在任何情况下，按下"急停"按钮后，需要重新回零才能再进行相对运动控制。

4）在自动测试中输入 X 轴和 Y 轴坐标，单击"启动"按钮，进行绝对运动控制。

5）学生可以在教师的指导下参考本例编写自己的程序，然后下载到 PLC 中。

6）实训完成后，如程序发生更改，应恢复原有的程序，否则系统可能不能正常运行。

5.4　三坐标机器人入库

本实训项目需要通过触摸屏设置需要入库的位置，通过"启动"按钮来实现三坐标机器人的 X 轴、Y 轴和 Z 轴的自动入库流程。添加新数据类型"Axis 指令"和"仓库位置"，分别如图 5-63 和图 5-64 所示。

Axis 指令		名称	数据类型	默认值
1		MC_Home_Exe	Bool	false
2		MC_Home_Mode	Int	3
3		Mc_Halt_Exe	Bool	false
4		Mc_Jog+	Bool	false
5		Mc_Jog-	Bool	false
6		Mc_Jog_Vel	Real	5.0
7		Mc_Power_Exe	Bool	false
8		MC_Home_Done	Bool	false
9		MC_MR_Exe	Bool	false
10		MC_MR_Dis	Real	5.0
11		MC_MR_Vel	Real	5.0
12		MC_Abs_Exe	Bool	false
13		MC_Abs_Dis	Real	5.0
14		MC_Abs_Vel	Real	5.0
15		MC_Abs_Done	Bool	false
16		Position	Real	0.0

图 5-63　数据类型"Axis 指令"

仓库位置		名称	数据类型	默认值
1		X	Real	0.0
2		Y	Real	0.0
3		Z	Real	0.0

图 5-64　数据类型"仓库位置"

5.4.1　触摸屏变量分析

三坐标机器人触摸屏的手动控制组态变量如图 5-65 所示，建立图中的全局变量与控件的连接关系，设置好对应控件的属性。

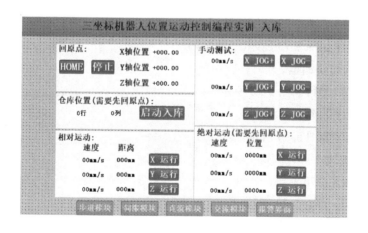

图 5-65　三坐标机器人触摸屏的手动控制组态变量

5.4.2 编写 PLC 程序

1）PLC 硬件地址配置表见表 5-1。

2）新建全局变量表，如图 5-66 所示。

3）轴控制函数块编程。在工艺指令集的"Motion Control"中，需要用到"MC_Power""MC_Halt""MC_Home""MC_MoveAbsolute"指令，并且都采用多重实例背景。

	名称	数据类型	起始值
1	▼ Static		
2	▼ HMI	Struct	
3	ib_启动回原点	Bool	false
4	ib_停止	Bool	false
5	入库行	Int	1
6	入库列	Int	1
7	启动入库	Bool	false
8	▶ X Axis	"Axis 指令"	
9	▶ Y Axis	"Axis 指令"	
10	▶ Z Axis	"Axis 指令"	
11	▼ 仓库	Struct	
12	▶ 仓库坐标	Array[1..4, 1..4] of "仓库位置"	
13	▼ 入库获取点	"仓库位置"	
14	X	Real	270.0
15	Y	Real	828.0
16	Z	Real	0.0

图 5-66　全局变量表

① 轴控制接口参数如图 5-67 所示。

② 启动轴程序如图 5-68 所示。

③ 停止轴程序如图 5-69 所示。

④ 点动程序如图 5-70 所示。

⑤ 轴复位程序如图 5-71 所示。

⑥ 相对运动程序如图 5-72 所示。

⑦ 绝对运动程序如图 5-73 所示。

4）步进电机函数块编程。

① 步进电机接口参数如图 5-74 所示。

② X 轴控制程序如图 5-75 所示。

③ Y 轴控制程序如图 5-76 所示。

④ Z 轴控制程序如图 5-77 所示。

⑤ 复位程序如图 5-78 所示。

⑥ 位置显示程序如图 5-79 所示。

⑦ 轴停止程序如图 5-80 所示。

5）三坐标机器人入库函数块编程（本函数块采用 SCL 语言编写）。添加函数块"三坐标机器人入库"，以实现入库功能。三坐标机器人入库接口参数如图 5-81 所示。

		名称			数据类型	默认值
1		▼	Input			
2			▶	Axis	TO_PositioningAxis	
3		▪		MC_Home_Exe	Bool	false
4		▪		MC_Home_Mode	Int	0
5		▪		MC_Halt_Exe	Bool	false
6		▪		MC_Jog+	Bool	false
7		▪		MC_Jog−	Bool	false
8		▪		MC_Jog_Vel	Real	0.0
9		▪		MC_Power_Exe	Bool	false
10		▪		MC_MR_Exe	Bool	false
11		▪		MC_MR_Dis	Real	0.0
12		▪		MC_MR_Vel	Real	0.0
13		▪		MC_Abs_Exe	Bool	false
14		▪		MC_Abs_Dis	Real	0.0
15		▪		MC_Abs_Vel	Real	0.0
16		▼	Output			
17		▪		MC_Home_Done	Bool	false
18		▪		MC_Abs_Done	Bool	false
19		▼	InOut			
20		▪		<新增>		
21		▼	Static			
22		▪	▶	MC_Power_Instance	MC_Power	
23		▪	▶	MC_Halt_Instance	MC_Halt	
24		▪	▶	MC_MoveJog_Instance	MC_MoveJog	
25		▪	▶	MC_Home_Instance	MC_Home	
26		▪	▶	MC_MoveRelative_Inst...	MC_MoveRelative	
27		▪	▶	MC_MoveAbsolute_In...	MC_MoveAbsolute	
28		▼	Temp			
29		▪		<新增>		
30		▼	Constant			
31		▪		<新增>		

轴控制

图 5-67 轴控制接口参数

▼ 程序段 1：启动轴

注释

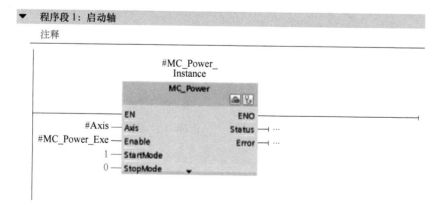

图 5-68 启动轴程序

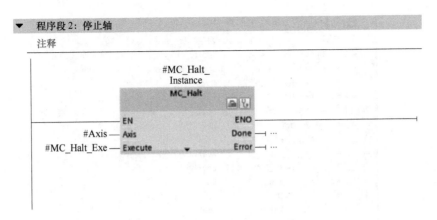

图 5-69　停止轴程序

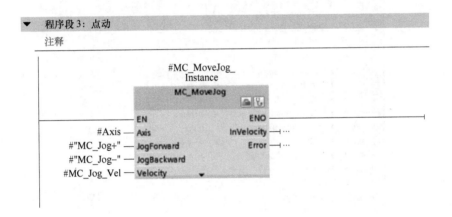

图 5-70　点动程序

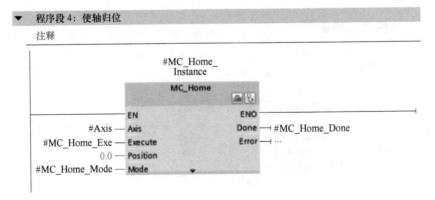

图 5-71　轴复位程序

▼ 程序段 5：轴的相对定位(V6及以上版本)
　启动相对于起始位置的定位运动

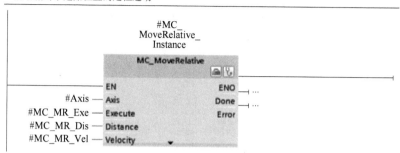

图 5-72 相对运动程序

▼ 程序段 6：轴的绝对定位(V6及以上版本)
　运动控制指令"MC_MoveAbsolute"启动轴定位运动，以将轴移动到某个绝对位置。

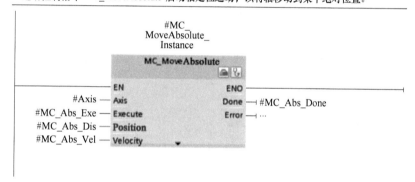

图 5-73 绝对运动程序

	名称			数据类型	默认值
	步进电机				
1	▼ Input				
2	■ <新增>				
3	▼ Output				
4	■ <新增>				
5	▼ InOut				
6	■ <新增>				
7	▼ Static				
8	■ ▼ P_TRIG			Struct	
9	■	1		Bool	false
10	■	2		Bool	false
11	■	3		Bool	false
12	■	4		Bool	false
13	■ ▶ X轴			"轴控制"	
14	■ ▶ Y轴			"轴控制"	
15	■ ▶ Z轴			"轴控制"	
16	▼ Temp				
17	■ <新增>				
18	▼ Constant				
19	■ <新增>				

图 5-74 步进电动机接口参数

程序段1：轴控制

实现点动、点动速度、主动回原点功能

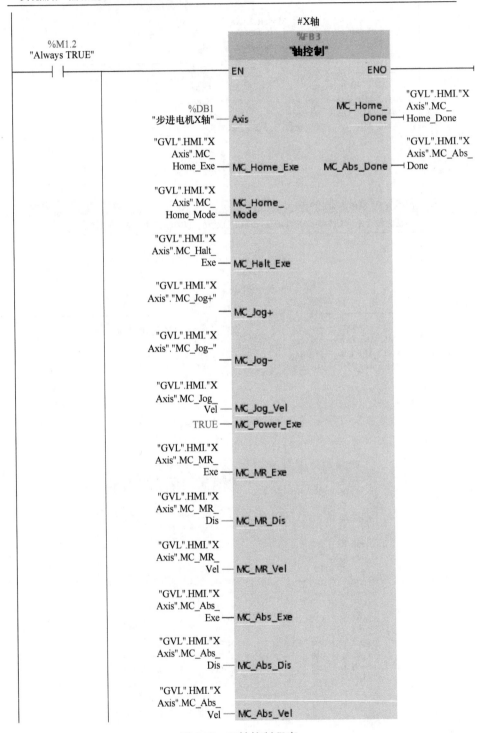

图 5-75　X 轴控制程序

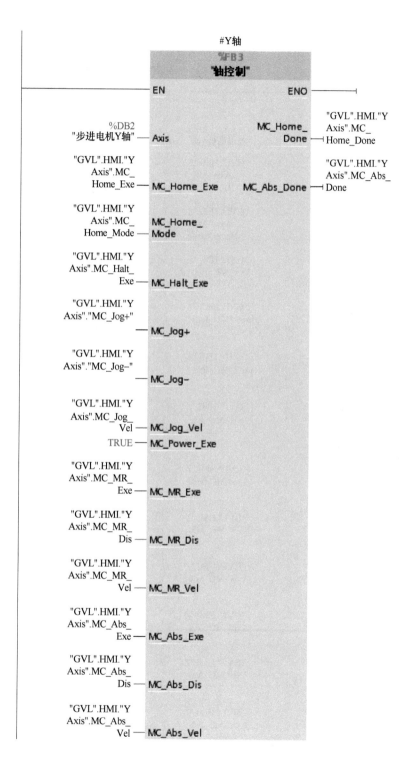

图 5-76 Y 轴控制程序

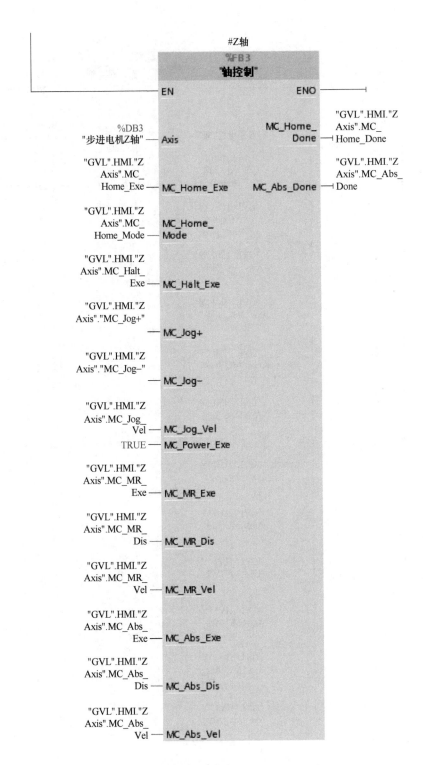

图 5-77　Z 轴控制程序

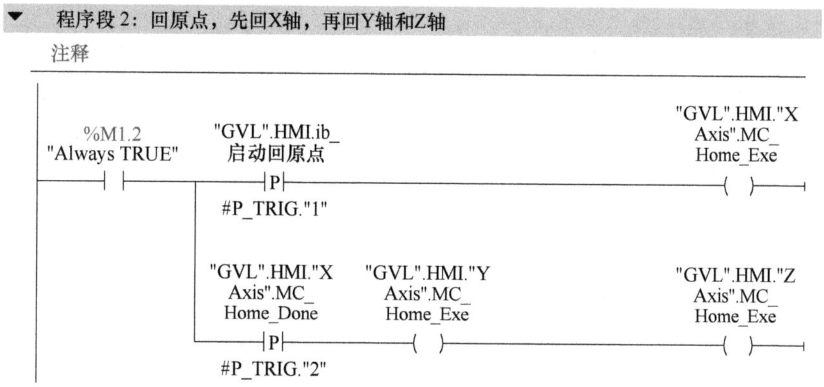

程序段 2: 回原点, 先回X轴, 再回Y轴和Z轴

注释

图 5-78　复位程序

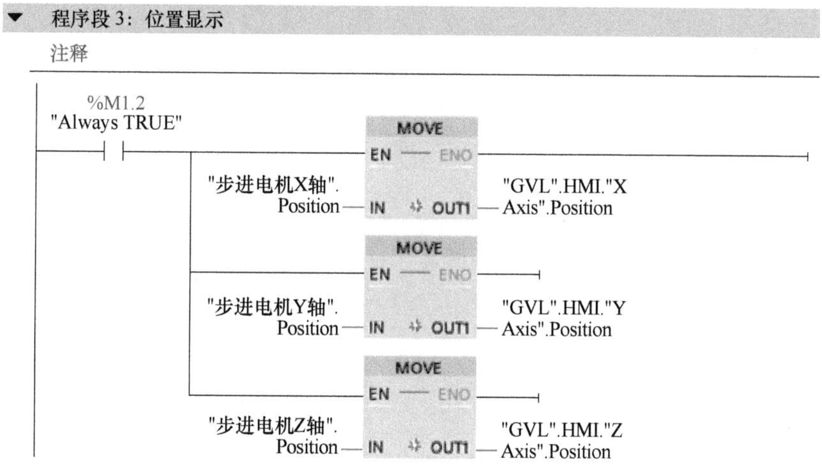

程序段 3: 位置显示

注释

图 5-79　位置显示程序

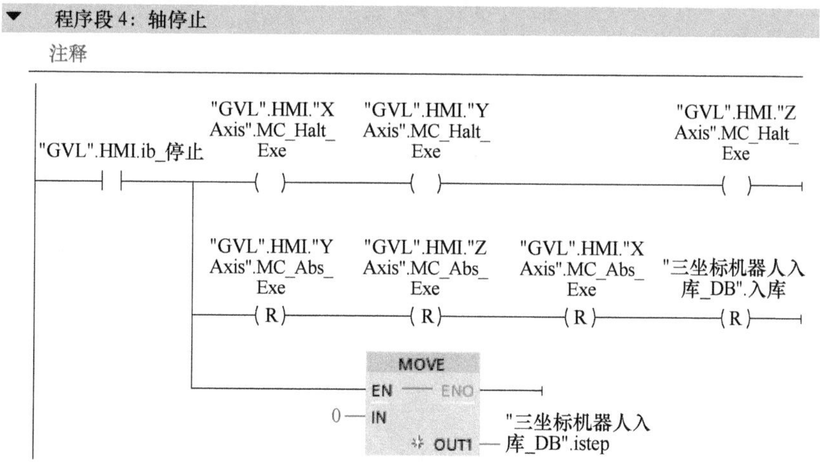

程序段 4: 轴停止

注释

图 5-80　轴停止程序

三坐标机器人入库

	名称	数据类型	默认值	保持	可从 HMI/...	从 H...	在 HMI ...	设定值
1	▼ Input				☐	☐	☐	☐
2	启动入库	Bool	false	非保持	☑	☑	☑	☐
3	入库行	Int	0	非保持	☑	☑	☑	☐
4	入库列	Int	0	非保持	☑	☑	☑	☐
5	▼ Output				☐	☐	☐	☐
6	完成入库	Bool	false	非保持	☑	☑	☑	☐
7	▼ InOut				☐	☐	☐	☐
8	<新增>				☐	☐	☐	☐
9	▼ Static				☐	☐	☐	☐
10	▶ R_TRIG_Instance	R_TRIG			☑	☑	☑	☐
11	istep	Int	0	非保持	☑	☑	☑	☐
12	P_TRIG_入库	Bool	false	非保持	☑	☑	☑	☐
13	入库	Bool	false	非保持	☑	☑	☑	☐
14	▼ Temp				☐	☐	☐	☐
15	<新增>				☐	☐	☐	☐
16	▼ Constant				☐	☐	☐	☐
17	<新增>				☐	☐	☐	☐

图 5-81　三坐标机器人入库接口参数

SCL 程序段如下：

```
//上升沿信号;
#R_TRIG_Instance(CLK:=#启动入库,
                 Q=>#P_TRIG_入库);

//上升沿信号启动入库流程;
IF #P_TRIG_入库 THEN
    #入库:=TRUE;
    #完成入库:=FALSE;
    //首先判断是否在原点,然后判断输入的行和列是否在 1~4 之间;
     IF#istep=0 AND"码垛机步进 X 轴".Position=0 AND"码垛机步进 Y 轴".Position=0 AND"码垛机步进 Z 轴".Position=0 THEN
        IF (#入库列 > 0 AND#入库列<=4)AND (#入库行 > 0 AND#入库行<=4)THEN
            #istep:=1;
        END_IF;
     END_IF;
END_IF;

IF#入库 THEN

     //Y 轴和 Z 轴运动到入库获取点;
     IF#istep=1 THEN
         "GVL".HMI."Y Axis".MC_Abs_Dis:="GVL".仓库.入库获取点.Y;
```

```
22.        "GVL".HMI."Z Axis".MC_Abs_Dis:="GVL".仓库.入库获取点.Z-5;
23.        "GVL".HMI."Y Axis".MC_Abs_Exe:=TRUE;
24.        "GVL".HMI."Z Axis".MC_Abs_Exe:=TRUE;
25.        IF"GVL".HMI."Y Axis".MC_Abs_Done AND"GVL".HMI."Z Axis".
MC_Abs_Done THEN
26.            "GVL".HMI."Y Axis".MC_Abs_Exe:=FALSE;
27.            "GVL".HMI."Z Axis".MC_Abs_Exe:=FALSE;
28.            #istep:=2;
29.        END_IF;
30.    END_IF;
31.
32.    //X轴运动到流水线,获取托盘;
33.    IF#istep=2 THEN
34.        "GVL".HMI."X Axis".MC_Abs_Dis:="GVL".仓库.入库获取点.X;
35.        "GVL".HMI."X Axis".MC_Abs_Exe:=TRUE;
36.        IF"GVL".HMI."X Axis".MC_Abs_Done THEN
37.            "GVL".HMI."X Axis".MC_Abs_Exe:=FALSE;
38.            #istep:=3;
39.        END_IF;
40.    END_IF;
41.
42.    //Z轴向上运动,使托盘离开流水线上面;
43.    IF#istep=3 THEN
44.        "GVL".HMI."Z Axis".MC_Abs_Dis:="GVL".仓库.入库获取点.
Z+30;
45.        "GVL".HMI."Z Axis".MC_Abs_Exe:=TRUE;
46.        IF"GVL".HMI."Z Axis".MC_Abs_Done THEN
47.            "GVL".HMI."Z Axis".MC_Abs_Exe:=FALSE;
48.            #istep:=4;
49.        END_IF;
50.    END_IF;
51.
52.    //X轴运动到中间;
53.    IF #istep=4 THEN
54.        "GVL".HMI."X Axis".MC_Abs_Dis:=0;
```

```
55.          "GVL".HMI."X Axis".MC_Abs_Exe:=TRUE;
56.          IF"GVL".HMI."X Axis".MC_Abs_Done THEN
57.              "GVL".HMI."X Axis".MC_Abs_Exe:=FALSE;
58.              #istep:=5;
59.          END_IF;
60.      END_IF;
61.
62.      //Y轴和Z轴运动到仓库的放置点;
63.      IF #istep=5 THEN
64.          "GVL".HMI."Y Axis".MC_Abs_Dis:="GVL".仓库.仓库坐标[#入库
列,#入库行].Y;
65.          "GVL".HMI."Z Axis".MC_Abs_Dis:="GVL".仓库.仓库坐标[#入库
列,#入库行].Z + 15;
66.          "GVL".HMI."Y Axis".MC_Abs_Exe:=TRUE;
67.          "GVL".HMI."Z Axis".MC_Abs_Exe:=TRUE;
68.          IF"GVL".HMI."Y Axis".MC_Abs_Done AND"GVL".HMI."Z Axis".
MC_Abs_Done THEN
69.              "GVL".HMI."Y Axis".MC_Abs_Exe:=FALSE;
70.              "GVL".HMI."Z Axis".MC_Abs_Exe:=FALSE;
71.              #istep:=6;
72.          END_IF;
73.      END_IF;
74.
75.      //X轴伸进仓库放置工件;X轴的目标位置需要设定为-270mm。
76.      IF #istep=6 THEN
77.          "GVL".仓库.仓库坐标[#入库列,#入库行].X:=-270;
78.          "GVL".HMI."X Axis".MC_Abs_Dis:="GVL".仓库.仓库坐标[#入库
列,#入库行].X;
79.          "GVL".HMI."X Axis".MC_Abs_Exe:=TRUE;
80.          IF"GVL".HMI."X Axis".MC_Abs_Done THEN
81.              "GVL".HMI."X Axis".MC_Abs_Exe:=FALSE;
82.              #istep:=7;
83.          END_IF;
84.      END_IF;
85.
```

```
86.        //Z轴放下托盘;
87.        IF #istep=7 THEN
88.            "GVL".HMI."Z Axis".MC_Abs_Dis:="GVL".仓库.仓库坐标[#入库
列,#入库行].Z-15;
89.            "GVL".HMI."Z Axis".MC_Abs_Exe:=TRUE;
90.            IF"GVL".HMI."Z Axis".MC_Abs_Done THEN
91.                "GVL".HMI."Z Axis".MC_Abs_Exe:=FALSE;
92.                #istep:=8;
93.            END_IF;
94.        END_IF;
95.

96.        //X轴回到中间位置;
97.        IF #istep=8 THEN
98.            "GVL".HMI."X Axis".MC_Abs_Dis:=0;
99.            "GVL".HMI."X Axis".MC_Abs_Exe:=TRUE;
100.            IF"GVL".HMI."X Axis".MC_Abs_Done THEN
101.                "GVL".HMI."X Axis".MC_Abs_Exe:=FALSE;
102.                #istep:=9;
103.            END_IF;
104.        END_IF;
105.

106.        //Y轴和Z轴运动到原点;
107.        IF #istep=9 THEN
108.            "GVL".HMI."Y Axis".MC_Abs_Dis:=0;
109.            "GVL".HMI."Z Axis".MC_Abs_Dis:=0;
110.            "GVL".HMI."Y Axis".MC_Abs_Exe:=TRUE;
111.            "GVL".HMI."Z Axis".MC_Abs_Exe:=TRUE;
112.            IF"GVL".HMI."Y Axis".MC_Abs_Done AND"GVL".HMI."Z Axis".
MC_Abs_Done THEN
113.                "GVL".HMI."Y Axis".MC_Abs_Exe:=FALSE;
114.                "GVL".HMI."Z Axis".MC_Abs_Exe:=FALSE;
115.                #istep:=10;
116.            END_IF;
117.        END_IF;
118.
```

```
119.    //完成入库;
120.    IF #istep=10 THEN
121.        #完成入库:=TRUE;
122.        #入库:=FALSE;
123.        #istep:=0;
124.    END_IF;
125. END_IF;
126.
127.
```

6）Main［OB1］程序块调用步进电机函数块和三坐标机器人入库函数块，如图 5-82 所示。

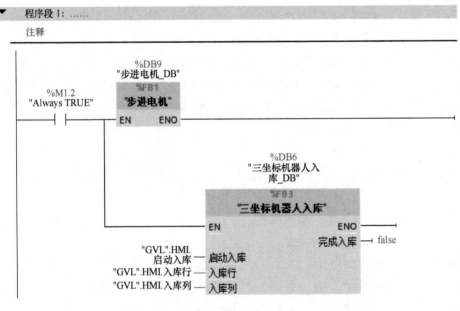

图 5-82　Main［OB1］程序块

5.4.3　程序调试

1）用西门子编程电缆将系统 PLC 和计算机进行连接，打开电源开关。

2）根据实训项目指导书编写 PLC 控制程序和触摸屏程序，并下载触摸屏程序到触摸屏，下载 PLC 控制程序到 PLC。

3）在任何情况下，按下"急停"按钮后，需重新回零才能再进行相对运动控制。

4）在自动测试中输入 X 轴和 Y 轴坐标，单击"启动"按钮，进行绝对运动控制。

5）学生可以在教师的指导下参考本例编写自己的程序，然后下载到 PLC 中。

6）实训完成后，如果程序发生更改，应恢复原的程序，否则系统可能不能正常运行。

模块 6　工业相机工件识别编程实训

6.1　工件颜色识别

6.1.1　模块介绍

1. 模块概述及其功能

采用康耐视 IS2000 系列相机，安装在流水线正上方，对下方的工件进行拍照识别，然后 PLC 读取相机数据，如图 6-1 所示。

2. 相机硬件

1）相机构成如图 6-2 所示。

2）相机接线。以太网（Ethernet）电缆用于连接视觉系统和其他网络设备。以太网电缆可连接一个单独的设备，也可通过网络交换机或路由器连接多个设备；插入时，需要对准插入（有缺口，对准即可），不可以随意插入。图 6-3 中左边的导线就是网络线。

3）焦距调节。不同的相机在进行焦距调节时会有一定的差别。旋钮一般在指示灯旁边，调节时正向、反向均可旋转，

图 6-1　安装在流水线
正上方的相机

但不可过分用力。图 6-4 所示为用一字形螺钉旋具调节相机焦距。

图 6-2　相机构成

①—I/O、RS232、DC 24V 电源接口　②—以太网接口
③—相机主体、CPU、状态指示灯　④—保护罩　⑤—固定螺钉

图 6-3　接头连接

图 6-4　用一字形螺钉旋具调节相机焦距

6.1.2　相机与基础知识

1. 相机基本术语

1）视场（FOV）：相机可以看到的实际区域。

2）数字信号：视场的光能在相机中转换为数字信号。

3）像素：在 In-Sight 中，数字信号转变为矩形网格，称为像素（Picture Elements），如图 6-5 所示。

图 6-5　像素与相机

像素就是图像的最小信息单元。每一个像素都与以下因素有关：

① 图像的位置（X、Y 坐标值）。

② 灰阶值 0~255 表示坐标点的光线密度，像素灰阶如图 6-6 所示。

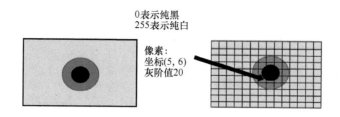

图 6-6 像素灰阶

4）In-Sight：图像坐标系统，如图 6-7 所示。

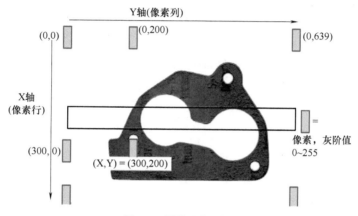

图 6-7 图像坐标系统

2. 网络基础知识

1）局域网的 IP 地址普遍以"192.168"开头，IPv4 地址协议中预留了 3 个 IP 地址段作为私有地址，供组织机构内部使用。这 3 个地址段分别为：

A 类地址段：10.0.0.0~10.255.255.255。

B 类地址段：172.16.0.0~172.31.255.255。

C 类地址段：192.168.0.0~192.168.255.255。

因此，局域网在选取使用私有地址时，一般会按照实际需要容纳的主机数来选择私有地址段。常见的局域网由于容量小，一般选择 C 类地址段，一些大型企业就需要使用 B 类甚至 A 类地址段作为内部网络的地址段。

当设备不能从 DHCP（动态主机配置协议）获取 IP 地址时，网卡可以自己分配 IP 地址，地址段是 169.254.1.0/16。

2）子网内主机的 IP 地址不能重复，不然会产生冲突，影响通信。

3）相机连接。将连接相机的网卡的 IP 地址设置为 192.168.8.233（按照图 6-8 中①~④的顺序设置）。

4）相机 PROFINET 通信如图 6-9 所示。在配置期间，将分散的字段总线分配给 1 个或多个控制系统；根据 GSD 文件中的内容，将 IO 设备配置为实际的系统扩展，同时将 IO 设备集成、适当参数化并配置到 PROFINET 拓扑。

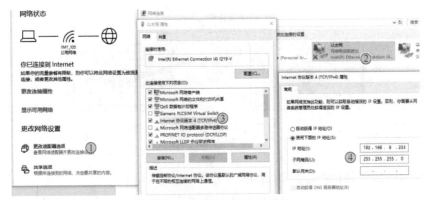

图 6-8　计算机端 IP 地址设置

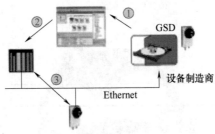

图 6-9　相机 PROFINET 通信

6.1.3　相机配置

1）打开软件 In-Sight Explorer 5.9.2，软件图标如图 6-10 所示。

2）如果相机是第一次配置，按图 6-11 单击"查看"→"In-Sight 网络"，激活"In-Sight 网络"窗口。如果不是第一次配置，那么就可以跳转到步骤 6）。

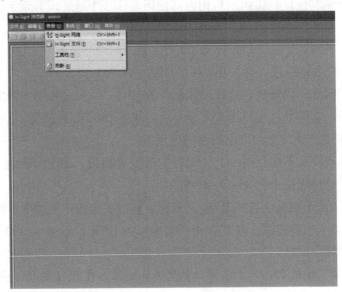

图 6-10　软件图标　　　　　　　　　　　图 6-11　"In-Sight 网络"选项

3）添加传感器到网络中。单击"系统"→"将传感器/设备添加到网络"，如图 6-12 所示。

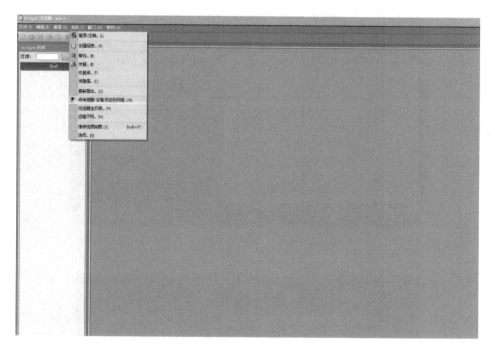

图 6-12　"将传感器/设备添加到网络"选项

4）选中"全部显示"，然后单击"刷新"按钮，列表中显示出传感器的主机名、类型、MAC 地址和 IP 地址，如图 6-13 所示。

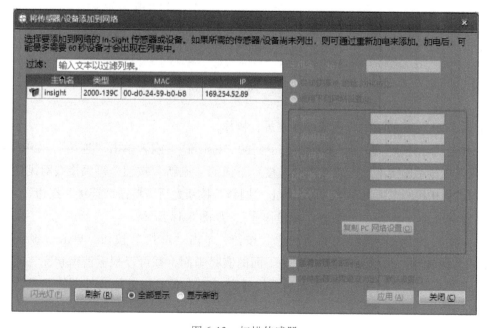

图 6-13　扫描传感器

5）设置传感器的 IP 地址。按图 6-14、图 6-15 所示进行网络设置。

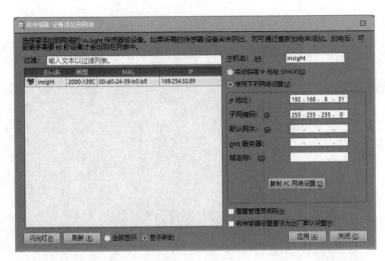

图 6-14　网络设置

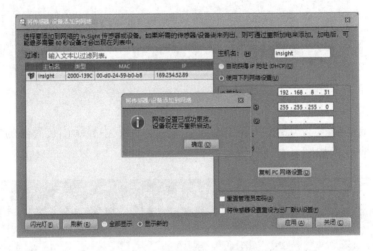

图 6-15　网络设置成功

6）按照图 6-16 所示的应用程序步骤进行操作。

7）单击"已连接"按钮，然后双击下面的"insight"，或者单击"连接"，如图 6-17 所示。如果一直显示连接不上，请单击"连接"下面的"刷新"按钮，再次检查网线是否连接好；也可以将相机断电再试一下，再次单击"刷新"按钮之后，单击"连接"按钮。

8）新建作业。单击"文件"→"新建作业"，如图 6-18 所示。

9）如图 6-19 所示，单击"设置图像"按钮，单击"联机"按钮，单击"确认联机"，再单击"实况视频"，就可以看到摄像头下面的实时画面，并可以根据清晰状况，调节焦距（也就是相机上的那个旋钮）。如果光线不足或者过亮，调节相机单元外面的调光器，直到画面清晰为止。

10）脱机，进行脱机编写，如图 6-20、图 6-21 所示。

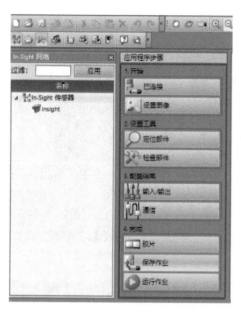

图 6-16 应用程序步骤

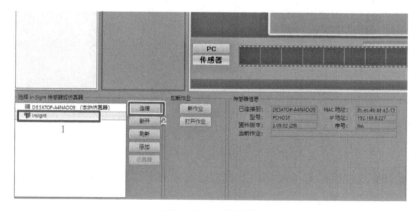

图 6-17 相机连接

图 6-18 新建作业

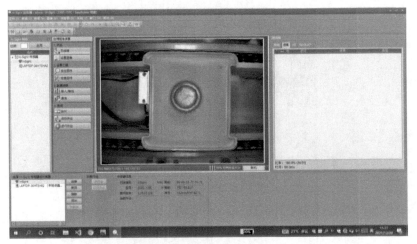

图 6-19　调节图像

图 6-20　脱机

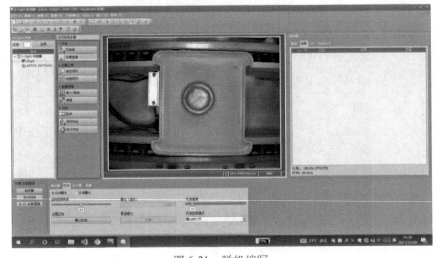

图 6-21　脱机编写

11）摆放工件。将工件放在托盘内，把托盘放置于相机下方，贴着气缸；调节好之后，再次单击"实时视频"，摆放学习的物件，单击工具栏中的"触发器"，进行拍照（拍一次照，用于后续步骤的学习）；如果变动物体的位置，请再次单击"触发器"。图 6-22、图 6-23 所示为红色、蓝色工件摆放。

图 6-22　红色工件摆放

图 6-23　蓝色工件摆放

12）识别颜色。单击"检查部件"按钮，单击左下方工具栏中的"颜色像素计数"，如图 6-24 所示。

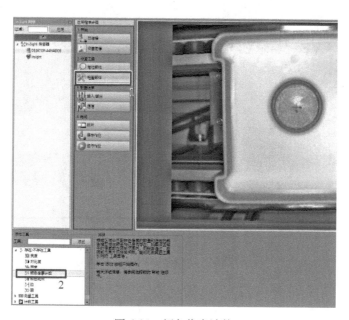

图 6-24　颜色像素计数

13）首先要使用工具选择颜色所在的区域，然后单击"确定"按钮，如图 6-25 所示。

14）训练颜色如图 6-26、图 6-27 所示。

图 6-25　工具范围选择

图 6-26　训练颜色

图 6-27　训练颜色（选取颜色）

15）重复上面的步骤 11）~14），学习蓝色工件。

16）选择"PROFINET"输出。这里和 PLC 通信采用的是"PROFINET"通信，单击左下角的"添加设备"，"设备"选择"其他"，"协议"选择"PROFINET"，如图 6-28 所示。

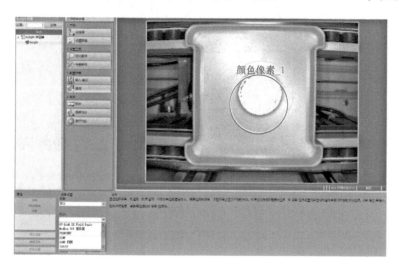

图 6-28　"协议"选择

17）格式化输出数据。选择"添加"，要输出什么数据，就添加什么数据，而且只能输出学完的工具内的信息。还可以选择这个数据的大小，数据的大小与 PLC 相对应。比如"红色.通过"保持默认为 2 字节，PLC 端也是 2 字节大小的数据。按照顺序添加数据。图 6-29所示为选择输出数据，图 6-30 所示为格式化输出数据。

图 6-29　选择输出数据

18）保存作业。选择"保存作业"中的"另存为"，输入文件名称，进行保存，如图 6-31 所示；在"启动选项"→"作业"中，选中刚才保存的文件，如图 6-32 所示。注意勾选"在联机模式下启动传感器"，这样每次通电后它就自动切换到联机模式了，如图 6-33 所示。联机模式是指相机自动工作时的模式。脱机模式是指编程时用的模式，由 PLC 控制拍照等。

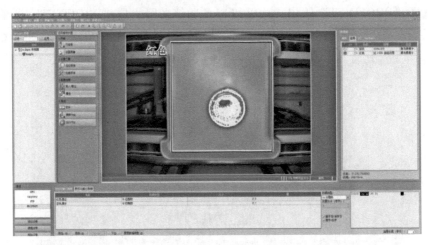

图 6-30　格式化输出数据

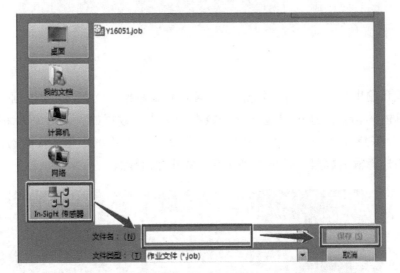

图 6-31　作业文件保存

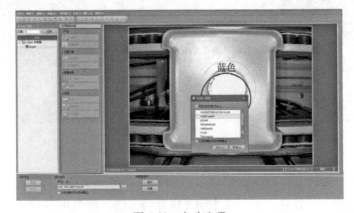

图 6-32　启动选项

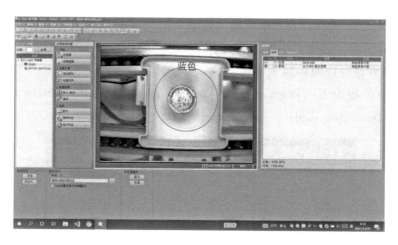

图 6-33　勾选"在联机模式下启动传感器"

6.2　相机的联机操作

任务流程如下：

1）流水线转动，到达拍照位置，激活相机并拍照。

2）运用相机判断工件是红色还是蓝色，然后将结果输出给 PLC，PLC 将结果显示在触摸屏上。

3）拍照完成后气缸下降，让工件流转到下一个工位（抓取工位）；如果抓取工位有物件，则拍照气缸不能下降。PLC 硬件地址配置表见表 6-1。

表 6-1　PLC 硬件地址配置表

输入点	信号	说明	输入状态		输出点	信号	说明	输出状态	
			ON	OFF				ON	OFF
I0.4	链传动_抓取光电		True	False	Q2.4	变频器 DI1	反转 ON	True	False
I0.3	链传动_拍照光电		True	False	Q2.5	变频器 DI2	正转 ON	True	False
I7.1	相机拍照完成		True	False	Q2.6	变频器 DI3	保留	True	False
IW74	Red	1 工件是红色			Q2.7	变频器 DI4	保留	True	False
IW76	Blue	1 工件是蓝色			Q3.1	链传动_拍照气缸		True	False
					Q3.2	链传动_抓取气缸		True	False
					QW66	交流电动机模拟量		True	False

6.2.1　PLC 端相机配置

相机的触发与数据的接收都是通过 PLC 来控制的，需要在 PLC 软件中对相机进行组态。

1）安装相机 GSD 文件。在菜单栏的"选项"→"管理通用站描述文件"中选择要安装的相机 GSD 文件，文件名为 GSDML-V2. 34-Cognex-InSightClassB-20200529. xml，选择之后进行安装。GSD 文件选择如图 6-34 所示。

GSD 文件的路径为 C：\Program Files（x86）\Cognex\In-Sight\In-Sight Explorer 5. 9. 2\Factory Protocol Description\GSD。

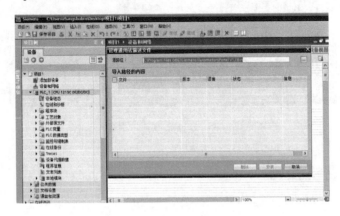

图 6-34　GSD 文件选择

2）双击"设备和网络"，在出现的窗口中选择"网络视图"，在右侧输入 GSD 文件名，然后搜索，搜索到相机 GSD 文件之后选择所用相机的型号并添加相机，如图 6-35 所示。

图 6-35　添加相机

3）将对应的相机的型号拖拽到"网络视图"中，单击"未分配"，选择对应 PLC。这时 PLC 跟相机已实现组态连接，如图 6-36 所示。

图 6-36　相机连接

4）右击相机选择"属性"，在下面会出现设置界面，将"常规"中的名称改成"In-sight"，在"以太网地址"中设置 IP 地址。注意名称和 IP 地址要与相机中的设定对应，否则无法进行通信。相机名称设定如图 6-37 所示，相机 IP 地址设定如图 6-38 所示。

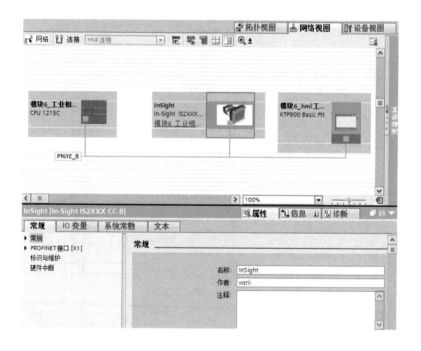

图 6-37　相机名称设定

5）双击相机，在组态窗口右侧单击"网络数据"，查看 IO 设定，如图 6-39 所示。

6）在数据窗口中，采集控制_1 为 PLC 给相机发送的相机触发信号，采集状态_1 为相机反馈给 PLC 的实时状态信号。"用户数据"和"结果"为相机反馈过来的在相机通信中设定的数据。存放或发送的地址根据实际情况修改。PLC 组态相机部分到此完成。IO 设定表如图 6-40 所示，联机如图 6-41 所示。

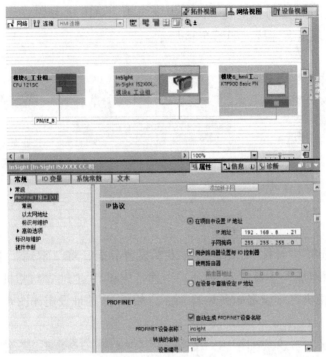

图 6-38　相机 IP 地址设定

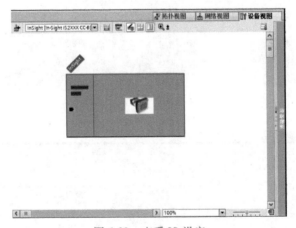

图 6-39　查看 IO 设定

模块	机架	插槽	I 地址	Q 地址	类型	订货号	固件
InSight	0	0			In-Sight IS2XXX CC-B	IS2XXX	5.9.1
▶ 接口	0	0 X1			InSight		
采集控制_1	0	1		5	采集控制		5.9.1
采集状态_1	0	2	7...9		采集状态		5.9.1
检查控件_1	0	3		6	检查控件		5.9.1
检查状态_1	0	4	10...13		检查状态		5.9.1
命令控制_1	0	5	65...69	68...69	命令控制		5.9.1
SoftEvent 控制_1	0	6	14	7	SoftEvent 控制		5.9.1
用户数据 - 64 个字节_1	0	7		70...133	用户数据 - 64 个...		5.9.1
结果 - 64 个字节_1	0	8	70...137		结果 - 64 个字节		5.9.1

图 6-40　IO 设定表

图 6-41　联机

7）相机地址。根据图 6-40 与图 6-41 可以得知，接收用户数据的第一个字节是 IB74。图 6-42 所示为相机地址功能。

6.2.2　触摸屏变量分析

分析伺服电动机平台触摸屏的位置控制功能要求，其主要用到了 I/O 域控件、按钮控件等，这些控件需要和对应的 PLC 变量进行变量连接。这些变量必须是全局变量。在触摸屏用到的全局变量，尽量采用根据 I/O 地址配置表形成的全局变量和 PLC 硬件地址配置表的变量。具体的 PLC 硬件地址配置表可以参考表 6-1。其余没有覆盖的变量，需要新建全局变量数据，如图 6-43 所示，建一个叫"GVL"的数据块。

工件颜色识别的触摸屏的组态变量如图 6-44 所示，建立图中的全局变量与控件的连接关系，设置好对应控件的属性。

6.2.3　编写 PLC 程序

调用功能块的时候，"调用选项"尽量选择"多重案例"。

1）如图 6-45 所示，建立 PLC 变量表，添加"PLC 配置表"。"PLC 变量"→双击"添加新变量表"→命名"PLC 配置表"，根据表 6-1 的 PLC 硬件地址配置表进行逐项输入，并且做好注释。

2）如图 6-46 所示建立相机变量表，添加"PLC 配置表"。

Module	ID	Byte	Bit 7	Bit 6	Bit 5	Bit 4	Bit 3	Bit 2	Bit 1	Bit 0
Acquisition Control	0x101	0	Set Offline	Reserved				Clear Exposure Complete	Trigger	Trigger Enable
Acquisition Status	0x201	0	Online	Offline Reason			Missed Acq	Exposure Complete	Trigger Ack	Trigger Ready
		1..2	Acquisition ID							
Inspection Control	0x102	0	Clear Error	Reserved			Execute Command	Set User Data	Inspection Results Ack	Buffer Results Enable
Inspection Status	0x203	0	Set User Data Ack	Command Failed	Command Complete	Command Executing	Results Valid	Results Buffer Overrun	Inspection Completed	System Busy
		1	Error	Reserved				Reserved		Job Pass
		2..3	Error Code							
Command Control Input	0x107	0..1	Command (16-bit)							
Command Control Output	0x107	0..1	Current Job ID (16-bit)							
Soft Event Control Input	0x106	0	Soft Event 7	Soft Event 6	Soft Event 5	Soft Event 4	Soft Event 3	Soft Event 2	Soft Event 1	Soft Event 0
Soft Event Control Output	0x106	0	Soft Event Ack 7	Soft Event Ack 6	Soft Event Ack 5	Soft Event Ack 4	Soft Event Ack 3	Soft Event Ack 2	Soft Event Ack 1	Soft Event Ack 0
User Data	0x301(16) 0x302(32) 0x303(64) 0x304(128) 0x305(254)	0..	User Data							
Inspection Results	0x401(16) 0x402(32) 0x403(64) 0x404(128) 0x405(250)	0..1	Inspection ID							
		2..3	Inspection Results Code							
		4..	Inspection Results							

图 6-42　相机地址功能

		GVL		名称	数据类型	起始值
1		▼		Static		
2		■	▼	HMI	Struct	
3				ib_启动	Bool	false
4				ib_停止	Bool	false
5				ib_拍照气缸	Bool	false
6				ib_抓取气缸	Bool	false
7				ib_手动/自动模式	Bool	false
8				ib_手动拍照	Bool	false
9		■	▼	电动机	Struct	
10			▼	交流电动机	Struct	
11				ib_启动	Bool	false
12				ib_停止	Bool	false
13				ir_速度	Real	500.0
14			▼	状态	Struct	
15				ob_红色	Bool	false
16				ob_蓝色	Bool	false
17		■	▼	Camera	Struct	
18				b_拍照	Bool	false
19				i_抓取位工件到...	UInt	0
20				b_抓取位工件到位	Bool	false
21				i_拍照数	UInt	0

图 6-43　触摸屏全局变量

3）相机拍照流水线函数块编程。

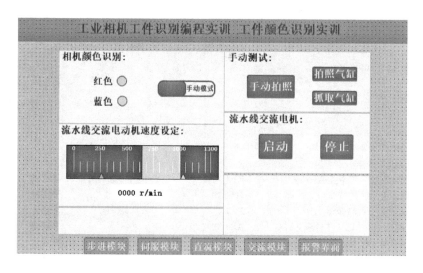

图 6-44　工件颜色识别的触摸屏的组态变量

		名称	数据类型	地址
流水线				
1		ow_交流电机模拟量	Word	%QW66
2		ib_链传动_拍照光电	Bool	%I0.3
3		ib_链传动_抓取光电	Bool	%I0.4
4		ob_链传动_拍照气缸	Bool	%Q3.1
5		ob_链传动_抓取气缸	Bool	%Q3.2
6		ob_变频器DI1	Bool	%Q2.4
7		ob_变频器DI2	Bool	%Q2.5
8		ob_变频器DI3	Bool	%Q2.6
9		ob_变频器DI4	Bool	%Q2.7
10		b_计数不相符	Bool	%M8000.0

图 6-45　PLC 变量表

		名称	数据类型	地址
相机				
1		Inspection ID	Int	%IW70
2		Inspection Result Code	Int	%IW72
3		obyte_相机采集控制	Byte	%QB5
4		ib_相机拍照完成	Bool	%I7.1
5		iw_Red	Int	%IW74
6		iw_Blue	Int	%IW76

图 6-46　相机变量

① 相机拍照流水线接口参数如图 6-47 所示。

相机拍照流水线				
	名称	数据类型	默认值	保持
1	▼ Input			
2	<新增>			
3	▼ Output			
4	<新增>			
5	▼ InOut			
6	<新增>			
7	▼ Static			
8	▶ TON_拍照等待	TON_TIME		非保持
9	▶ P_TRIG	Struct		非保持
10	▶ sTemp	Struct		非保持
11	▶ TON_工件离开等待	TON_TIME		非保持
12	▶ IEC_Timer_0_Instance	TON_TIME		非保持
13	▶ IEC_Timer_0_Instance...	TON_TIME		非保持
14	▶ TON_等待数据	TON_TIME		非保持
15	iStep1	UInt	0	非保持
16	iStep2	UInt	0	非保持
17	▼ Temp			
18	t_real1	Real		
19	t_real2	Real		
20	t_uint1	UInt		
21	t_uint2	UInt		
22	▼ Constant			
23	<新增>			

图 6-47   相机拍照流水线接口参数

② 气缸控制程序如图 6-48 所示。

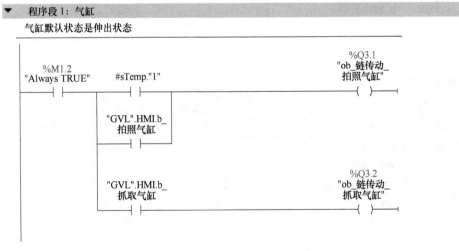

图 6-48   气缸控制程序

③ 交流电动机程序如图 6-49 所示。

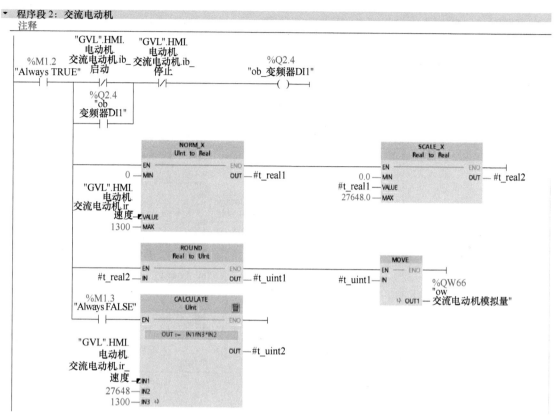

图 6-49　交流电动机程序

④ 触发拍照条件程序如图 6-50 所示。

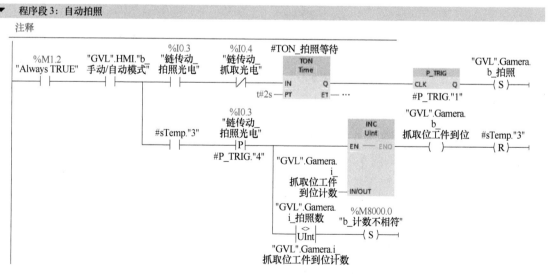

图 6-50　触发拍照条件程序

⑤ 自动拍照程序如图 6-51 所示。

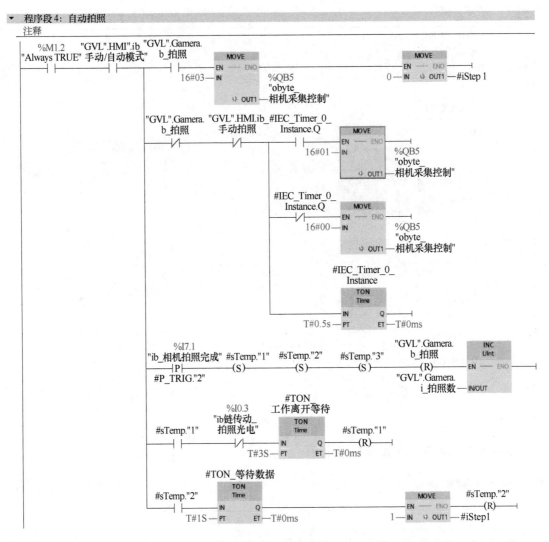

图 6-51　自动拍照程序

⑥ 手动拍照程序如图 6-52 所示。

⑦ 颜色状态显示程序如图 6-53 所示。

4）Main 主程序调用如图 6-54 所示。

6.2.4　程序调试

1）用西门子编程电缆将立体仓库出库单元的 PLC 和计算机进行连接，打开电源开关。

2）运行博途软件，根据实训项目指导书编写"基于 PLC 和相机的工件颜色识别实训"。

3）有意外情况发生时，按下"急停"按钮，或者断开系统电源。

4）学生可以在教师的指导下参考本例编写自己的程序，然后下载到 PLC 中。

5）实训完成后，如程序发生更改，应恢复原有的程序，否则系统可能不能正常运行。

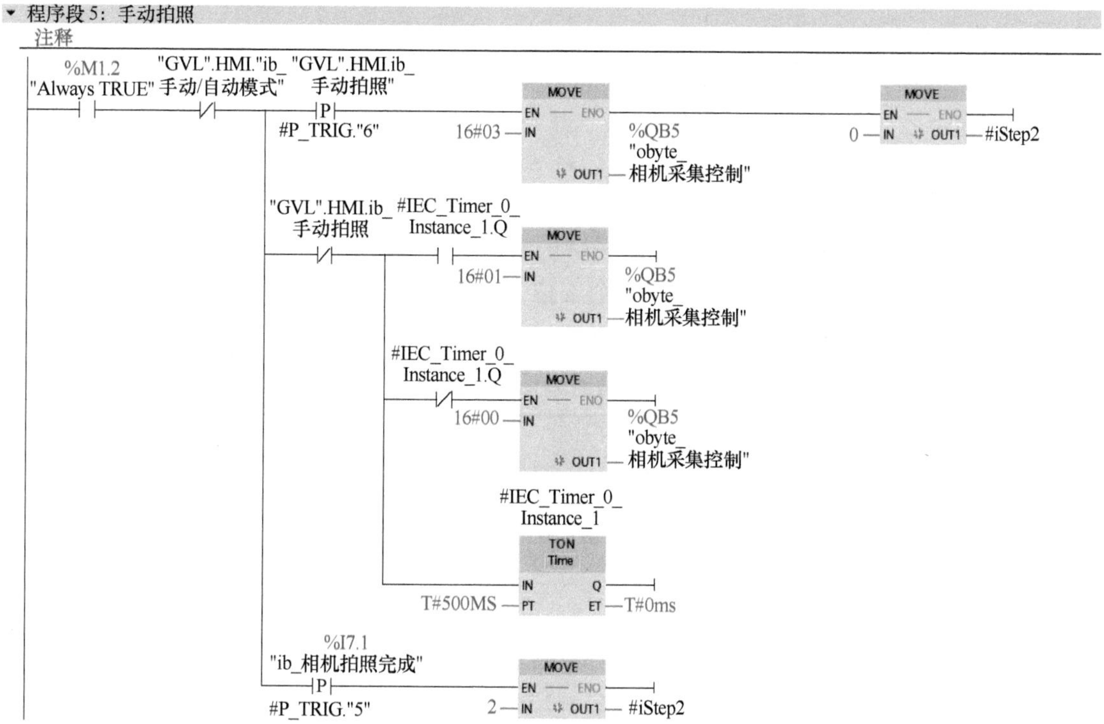

程序段 5：手动拍照

注释

%M1.2
"Always TRUE"　"GVL".HMI."ib_手动/自动模式"　"GVL".HMI.ib_手动拍照"
—| |—————| |—————|/|——

#P_TRIG."6"

MOVE
EN　—　ENO
16#03 —IN
　　　 ⊣ OUT1 — %QB5
　　　　　　　"obyte_相机采集控制"

MOVE
EN　—　ENO
0 —IN　⊣ OUT1 — #iStep2

"GVL".HMI.ib_手动拍照　#IEC_Timer_0_Instance_1.Q
—| |—————| |—

MOVE
EN　—　ENO
16#01 —IN
　　　 ⊣ OUT1 — %QB5
　　　　　　　"obyte_相机采集控制"

#IEC_Timer_0_Instance_1.Q
—|/|—

MOVE
EN　—　ENO
16#00 —IN
　　　 ⊣ OUT1 — %QB5
　　　　　　　"obyte_相机采集控制"

#IEC_Timer_0_Instance_1

TON
Time
—IN　　　Q—
T#500MS —PT　　ET— T#0ms

%I7.1
"ib_相机拍照完成"
—| |—
#P_TRIG."5"

MOVE
EN　—　ENO
2 —IN　⊣ OUT1 — #iStep2

图 6-52　手动拍照程序

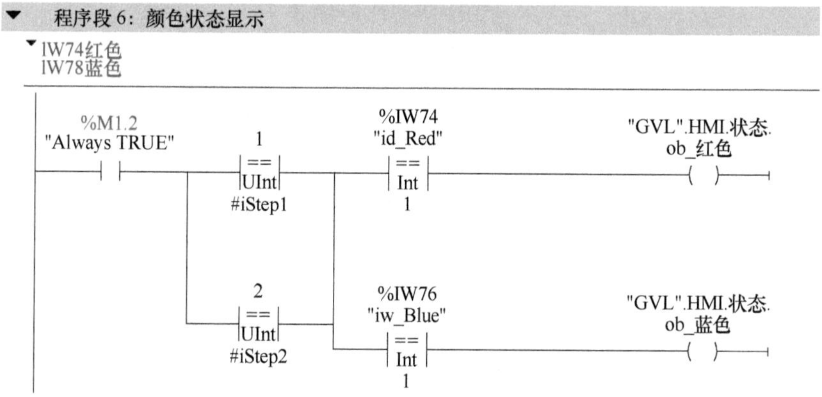

程序段 6：颜色状态显示

IW74红色
IW78蓝色

%M1.2
"Always TRUE"　　1　　　%IW74 "id_Red"　　"GVL".HMI.状态.ob_红色
—| |—————| == |—————| == |—————( )—
　　　　　　　　UInt　　　　Int
　　　　　　　#iStep1　　　 1

　　　　　　　　2　　　%IW76 "iw_Blue"　　"GVL".HMI.状态.ob_蓝色
　　　　　　—| == |—————| == |—————( )—
　　　　　　　UInt　　　　Int
　　　　　　#iStep2　　　 1

图 6-53　颜色状态显示程序

程序段 1：……

注释

%DB4
"相机拍照_DB"

%FB1
"相机拍照"
—EN　　ENO—

图 6-54　Main 主程序调用

6.3　工件型号与位置识别

任务描述:

1) 流水线转动,到达拍照位置,触发相机拍照。

2) 运用相机判断工件的位置,然后将结果输出给 PLC,PLC 将结果显示到触摸屏。

3) 拍照完成后气缸下降,流向下一个工位(抓取工位);如果抓取工位有物件,拍照气缸不能下降。PLC 硬件地址配置表见表 6-2。

表 6-2　PLC 硬件地址配置表

输 入 点	信 号	说　明	输入状态	
			ON	OFF
I0.3	链传动_拍照光电		有效	无效
I0.4	链传动_抓取光电		有效	无效
I7.1	ib_相机拍照完成		有效	无效
IW74	ii_ID1	工件是工件 1	有效	无效
IW76	ii_ID2	工件是工件 2	有效	无效
IW78	ii_ID3	工件是工件 3	有效	无效
ID88	ir_N1_A	工件 1 角度	有效	无效
ID80	ir_N1_X	工件 1X 相对原点距离	有效	无效
ID84	ir_N1_Y	工件 1Y 相对原点距离	有效	无效
ID100	ir_N2_A	工件 2 角度	有效	无效
ID92	ir_N2_X	工件 2X 相对原点距离	有效	无效
ID96	ir_N2_Y	工件 2Y 相对原点距离	有效	无效
ID112	ir_N3_A	工件 3 角度	有效	无效
ID104	ir_N3_X	工件 3X 相对原点距离	有效	无效
ID108	ir_N3_Y	工件 3Y 相对原点距离	有效	无效
输 出 点	信 号	说　明	输出状态	
			ON	OFF
Q3.1	链传动_拍照气缸		有效	无效
Q3.2	链传动_抓取气缸		有效	无效
Q2.4	变频器 DI1		有效	无效
Q2.5	变频器 DI2		有效	无效
QW66	交流电动机模拟量		有效	无效
QB5	Obyte_相机采集控制		有效	无效

6.3.1　相机配置

1) 相机连接参考"6.1　工件颜色识别"中的相机配置。

2）摆放工件。将工件放在托盘内，把托盘放置于相机下方，贴着气缸；调节好之后，再次单击"实时视频"，摆放学习的物件，单击"触发拍照"，拍一次照用于学习；如果变动了物体的位置，请再次单击"拍照"。

3）使用图案定位工具识别工件 1。单击"检查部件"，添加"图案"定位工件 1，调整②中的识别范围，单击③处的"模型区域"按钮，②中识别的图像出现在③，完成工件 1 的识别，如图 6-55 所示。

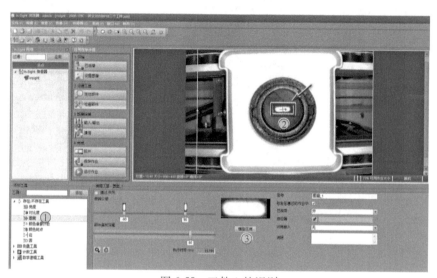

图 6-55　工件 1 的识别

4）使用图案定位工具识别工件 2。将工件 2 放到托盘内，单击"检查部件"，添加"图案"定位工件 2，调整②中的识别范围，单击③处的"模型区域"按钮，②中识别的图像出现在③，完成工件 2 的识别，如图 6-56 所示。

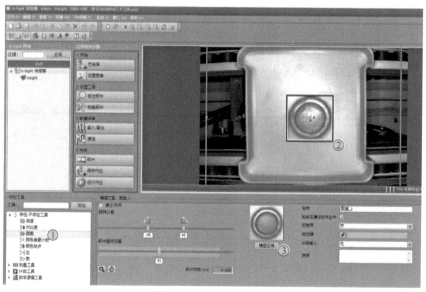

图 6-56　工件 2 的识别

5）使用图案定位工具识别工件 3。将工件 3 放到托盘内，其上的两个孔与流水线平行。单击"检查部件"，添加"图案"定位工件 3，调整②中的识别范围，单击③处的"模型区域"按钮，②中识别的图像出现在③，完成工件 3 的识别，如图 6-57 所示。

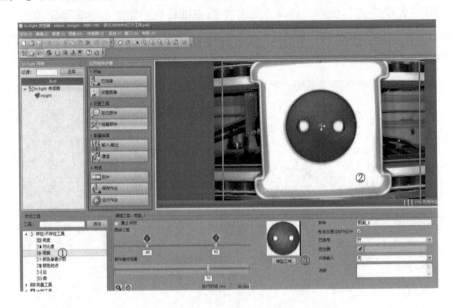

图 6-57　工件 3 的识别

6）选择 PROFINET 输出。这里和 PLC 通信均通过 PROFINET 总线。选择"添加"，也就是说想要输出什么，就添加什么，且只能输出学到的工具里面的信息，可以选择这个数据是几位的，是什么数据类型，比如底座得分是小数，所以选择浮点数比较合适，如图 6-58 所示。

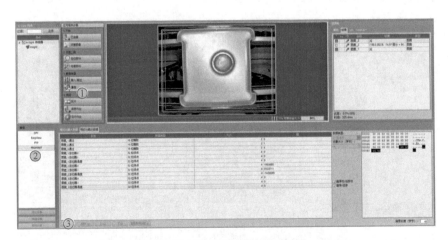

图 6-58　选择 PROFINET 输出

7）保存作业。选择"保存作业"中的"保存为"，输入名称，进行保存；注意勾选"在联机模式下启动传感器"，这样每次通电后它就自动切换到联机模式了。联机模式是指相机自动工作时的模式。脱机模式是指编程时用的模式，由 PLC 控制拍照等。图 6-59 所示为作业文件保存，图 6-60 所示为勾选"在联机模式下启动传感器"。

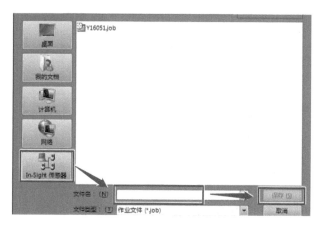

图 6-59 作业文件保存

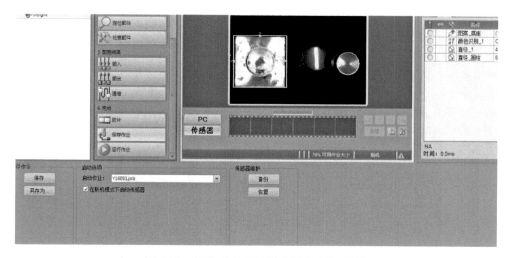

图 6-60 勾选"在联机模式下启动传感器"

6.3.2 触摸屏变量分析

伺服电动机平台触摸屏的位置控制功能主要用到了 I/O 域控件、按钮控件等，这些控件需要和对应的 PLC 变量进行变量连接。这些变量必须是全局变量。在触摸屏用到的全局变量中，尽量采用根据 I/O 地址配置表形成的全局变量和 PLC 硬件地址配置表的变量。具体的 PLC 硬件地址配置表可以参考表 6-2。其余没有覆盖的变量，需要新建全局变量数据，如图 6-61 所示。建立名称为"GVL"的数据块。

1）新建 PLC 数据类型，命名为"相机"，如图 6-62 所示。

2）在触摸屏上，工件定位的组态变量如图 6-63 所示，建立图中的全局变量与控件的连接关系，设置好对应控件的属性。

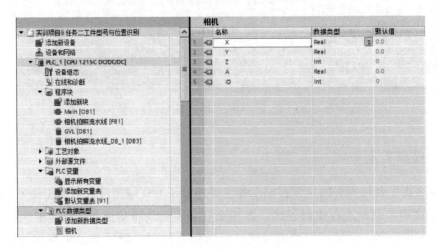

GVL		名称	数据类型	起始值
1	▼	Static		
2	▼	HMI	Struct	
3		ib_启动	Bool	false
4		ib_停止	Bool	false
5		ib_拍照气缸	Bool	false
6		ib_抓取气缸	Bool	false
7		ib_手动/自动模式	Bool	false
8		ib_手动拍照	Bool	false
9	▼	电动机	Struct	
10	▼	交流电动机	Struct	
11		ib_启动	Bool	false
12		ib_停止	Bool	false
13		ir_速度	Real	0.0
14	▼	状态	Struct	
15		ob_红色	Bool	false
16		ob_蓝色	Bool	false
17	▼	Camera	Struct	
18		b_拍照	Bool	false
19		i_抓取位工件到...	UInt	0
20		b_抓取位工件到位	Bool	false
21		i_拍照数	UInt	0
22		i_计数	UInt	0
23		i_中间点_X坐标	Int	0
24		i_中间点_Y坐标	Int	0
25	▶	数据组	Array[0..15] of "相机"	

图 6-61　触摸屏全局变量数据

相机	名称	数据类型	默认值
1	X	Real	0.0
2	Y	Real	0.0
3	Z	Int	0
4	A	Real	0.0
5	ID	Int	0

项目树：
- 实训项目6任务二工件型号与位置识别
  - 添加新设备
  - 设备和网络
  - PLC_1 [CPU 1215C DC/DC/DC]
    - 设备组态
    - 在线和诊断
    - 程序块
      - 添加新块
      - Main [OB1]
      - 相机拍照流水线 [FB1]
      - GVL [DB1]
      - 相机拍照流水线_DB_1 [DB3]
    - 工艺对象
    - 外部源文件
    - PLC 变量
      - 显示所有变量
      - 添加新变量表
      - 默认变量表 [91]
    - PLC 数据类型
      - 添加新数据类型
      - 相机

图 6-62　数据类型"相机"

6.3.3　编写 PLC 程序

1）如图 6-64 所示，建立 PLC 变量表，添加"PLC 配置表"。"PLC 变量"→双击"添加

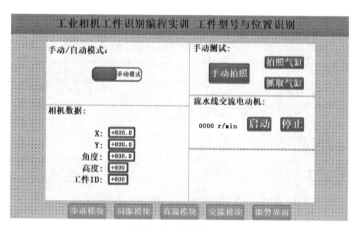

图 6-63　触摸屏

新变量表"→命名"PLC 配置表"，根据图 6-64 所示的 PLC 硬件地址配置表进行逐项输入，并且做好注释。

滚水线

	名称 ▲	数据类型	地址
1	ib_链传动_抓取光电	Bool	%I0.4
2	ib_链传动_拍照光电	Bool	%I0.3
3	ob_变频器DI1	Bool	%Q2.4
4	ob_变频器DI2	Bool	%Q2.5
5	ob_变频器DI3	Bool	%Q2.6
6	ob_变频器DI4	Bool	%Q2.7
7	ob_链传动_抓取气缸	Bool	%Q3.2
8	ob_链传动_拍照气缸	Bool	%Q3.1
9	ow_交流电动机模拟量	Word	%QW66

相机

	名称	数据类型	地址
1	Inspection ID	Int	%IW70
2	Inspection Result Code	Int	%IW72
3	ib_相机拍照完成	Bool	%I7.1
4	ii_ID1	Int	%IW74
5	ii_ID2	Int	%IW76
6	ii_ID3	Int	%IW78
7	ir_N1_X	Real	%ID80
8	ir_N1_Y	Real	%ID84
9	ir_N1_A	Real	%ID88
10	ir_N2_X	Real	%ID92
11	ir_N2_Y	Real	%ID96
12	ir_N2_A	Real	%ID100
13	ir_N3_X	Real	%ID104
14	ir_N3_Y	Real	%ID108
15	ir_N3_A	Real	%ID112
16	obyte_相机采集控制	Byte	%QB5

图 6-64　PLC 变量表

2）相机拍照流水线函数块编程。

① 气缸程序如图 6-65 所示。

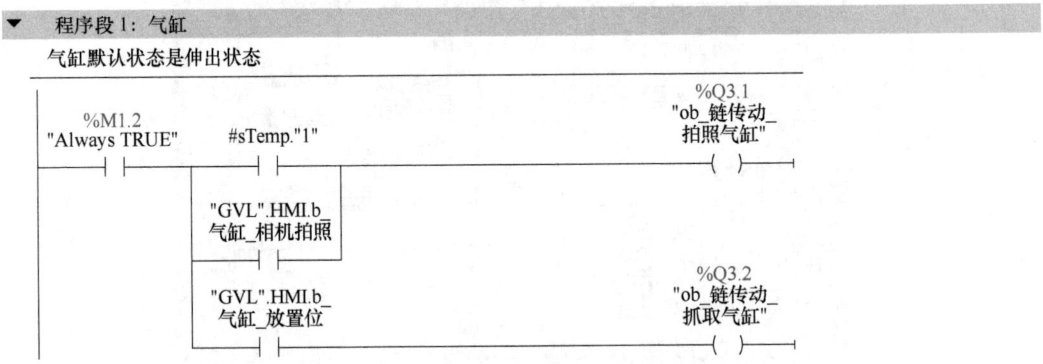

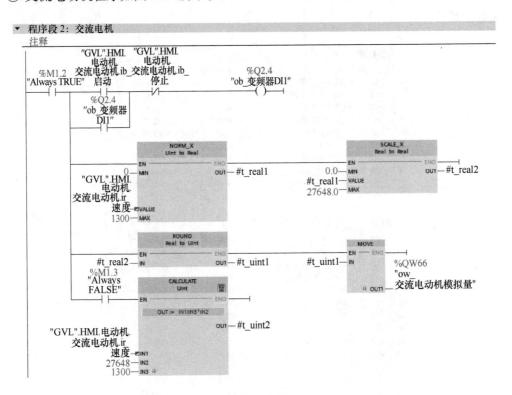

图 6-65　气缸程序

② 交流电动机程序如图 6-66 所示。

图 6-66　交流电动机程序

③ 传感器信号触发拍照程序如图 6-67 所示。

④ 手动拍照程序如图 6-68 所示。

⑤ 触发拍照程序如图 6-69 所示。

⑥ 等待相机拍照完成程序如图 6-70 所示。

3）相机数据处理。

程序段 3：传感器信号触发拍照

注释

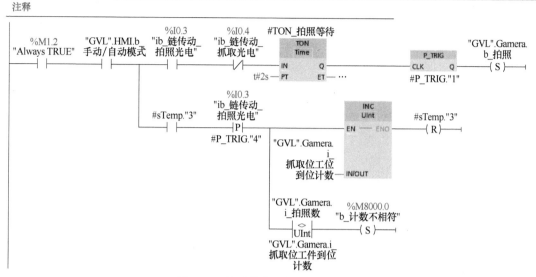

图 6-67　传感器信号触发拍照程序

程序段 4：手动拍照

注释

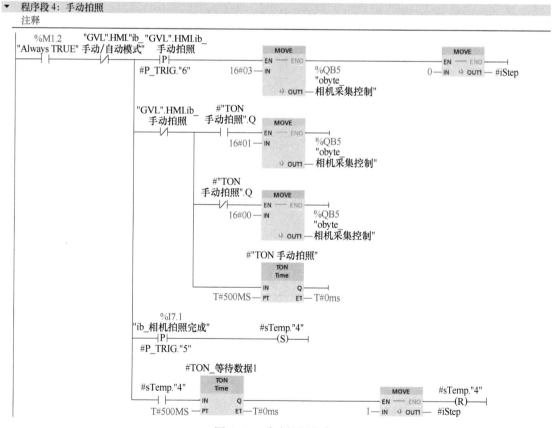

图 6-68　手动拍照程序

本部分采用 SCL 语言编程。

程序段5：触发拍照

注释

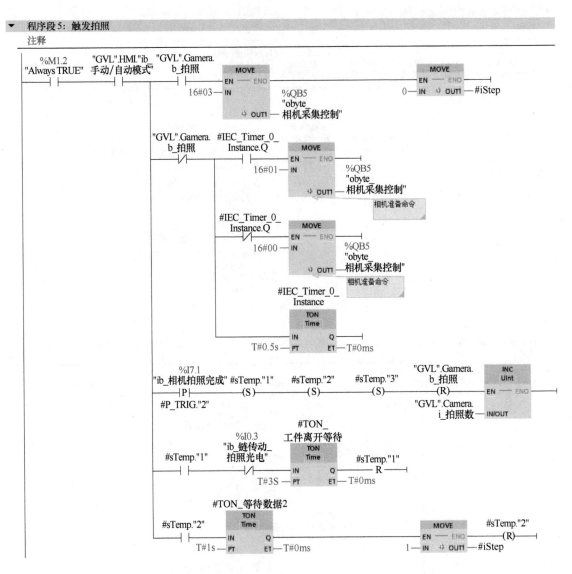

图 6-69   触发拍照程序

程序段6：……

注释

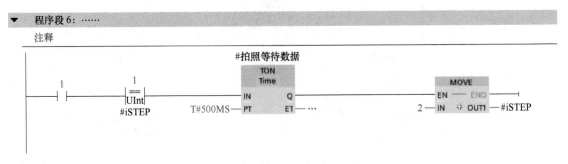

图 6-70   等待相机拍照完成程序

```
1.(*
2.********************* START**********
**************
3.*************************************
****************
4.
5.    ****一共有三个工件,下面我们进行三个工件的数据处理***
6.
7.    1:上部宽60,下部宽67,高40;
8.    2:高40,直径35;
9.    3:高30,直径60,
10.
11.
12.********************* END**********
*****************
13.*************************************
****************
14.
15.*)
16.
17.//拍照完成,处理数据。
18.IF#iSte=1THEN
19.    //给定 X,Y,Z,A;
20.    IF"ii_ID1"=1 AND (NOT ("ii_ID2"=1 OR"ii_ID3"=1))THEN
21.        "GVL".Camera. 数据组 [ "GVL".Camera.i_计数].X:="ir_N1_X";
22.        "GVL".Camera. 数据组 [ "GVL".Camera.i_计数].Y:="ir_N1_Y";
23.        "GVL".Camera. 数据组 [ "GVL".Camera.i_计数].A:="ir_N1_A";
24.        "GVL".Camera. 数据组 [ "GVL".Camera.i_计数].ID:=1;
25.    ELSIF"ii_ID2"=1 AND NOT ("ii_ID1"=1 OR"ii_ID3"=1)THEN
26.        "GVL".Camera. 数据组 [ "GVL".Camera.i_计数].X:="ir_N2_X";
27.        "GVL".Camera. 数据组 [ "GVL".Camera.i_计数].Y:="ir_N2_Y";
28.        "GVL".Camera. 数据组 [ "GVL".Camera.i_计数].A:="ir_N2_A";
29.        "GVL".Camera. 数据组 [ "GVL".Camera.i_计数].ID:=2;
30.    ELSIF"ii_ID3"=1 AND NOT ("ii_ID2"=1 OR"ii_ID1"=1)THEN
31.        "GVL".Camera. 数据组 [ "GVL".Camera.i_计数].X:="ir_N3_X";
```

```
32.         "GVL". Camera. 数据组[ "GVL". Camera. i_计数]. Y:="ir_N3_Y";
33.         "GVL". Camera. 数据组[ "GVL". Camera. i_计数]. A:="ir_N3_A";
34.         "GVL". Camera. 数据组[ "GVL". Camera. i_计数]. ID:=3;
35.     ELSE
36.         "GVL". Camera. 数据组[ "GVL". Camera. i_计数]. X:=0;
37.         "GVL". Camera. 数据组[ "GVL". Camera. i_计数]. Y:=0;
38.         "GVL". Camera. 数据组[ "GVL". Camera. i_计数]. A:=0;
39.         "GVL". Camera. 数据组[ "GVL". Camera. i_计数]. ID:=0;
40.     END_IF;
41.
42.     //给定高度。
43.     IF"GVL". Camera. 数据组[ "GVL". Camera. i_计数]. ID=1 THEN
44.         "GVL". Camera. 数据组[ "GVL". Camera. i_计数]. Z:=40;
45.     ELSIF"GVL". Camera. 数据组[ "GVL". Camera. i_计数]. ID=2 THEN
46.         "GVL". Camera. 数据组[ "GVL". Camera. i_计数]. Z:=40;
47.     ELSIF"GVL". Camera. 数据组[ "GVL". Camera. i_计数]. ID=3 THEN
48.         "GVL". Camera. 数据组[ "GVL". Camera. i_计数]. Z:=30;
49.     ELSE
50.         "GVL". Camera. 数据组[ "GVL". Camera. i_计数]. Z:=0;
51.     END_IF;
52.
53.     //Camera 中手动设定的中心点。
54.     "GVL". Camera. i_中间点_X坐标:=224;
55.     "GVL". Camera. i_中间点_Y坐标:=309;
56.
57.     //  给定需要偏移的 X,Y。
58.     CASE"GVL". Camera. 数据组[ "GVL". Camera. i_计数]. ID OF
59.         1:
60.             "GVL". Camera. 数据组[ "GVL". Camera. i_计数]. X:=(("GVL".
Camera. 数据组[ "GVL". Camera. i_计数]. X -"GVL". Camera. i_中间点_X坐标) * #"1
号工件相机系数");
61.             "GVL". Camera. 数据组[ "GVL". Camera. i_计数]. Y:=(("GVL".
Camera. 数据组[ "GVL". Camera. i_计数]. Y -"GVL". Camera. i_中间点_Y坐标) * #"1
号工件相机系数");
62.         2:
```

```
63.                "GVL".Camera.数据组["GVL".Camera.i_计数].X:=(("GVL".
Camera.数据组["GVL".Camera.i_计数].X -"GVL".Camera.i_中间点_X 坐标) * #"2
号工件相机系数");
64.                "GVL".Camera.数据组["GVL".Camera.i_计数].Y:=(("GVL".
Camera.数据组["GVL".Camera.i_计数].Y -"GVL".Camera.i_中间点_Y 坐标) * #"2
号工件相机系数");
65.          3:
66.                "GVL".Camera.数据组["GVL".Camera.i_计数].X:=(("GVL".
Camera.数据组["GVL".Camera.i_计数].X -"GVL".Camera.i_中间点_X 坐标) * #"3
号工件相机系数");
67.                "GVL".Camera.数据组["GVL".Camera.i_计数].Y:=(("GVL".
Camera.数据组["GVL".Camera.i_计数].Y -"GVL".Camera.i_中间点_Y 坐标) * #"3
号工件相机系数");
68.            ELSE
69.                ;
70.        END_CASE;
71.
72.        //"GVL".Camera.i_计数 +=1;
73.    #iStep:=0;
74. END_IF;
```

4）Main 主程序调用如图 6-71 所示。

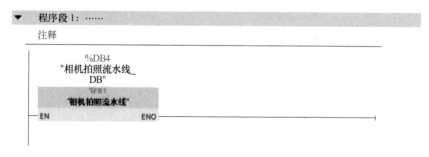

图 6-71　Main 主程序调用

6.3.4　程序调试

1）用西门子编程电缆将立体仓库出库单元的 PLC 和计算机进行连接，打开电源开关。

2）运行博途软件，根据实训项目指导书编写"基于 PLC 和相机的工件定位信息识别实训"。

3）有意外情况发生时，按下"急停"按钮，或者断开系统电源。

4）学生可以在教师的指导下参考本例编写自己的程序，然后下载到 PLC 中。

5）实训完成后，如程序发生更改，应恢复原有的程序，否则系统可能不能正常运行。

6.4 注意事项

1）在实训教师的指导下进行实训。

2）系统通电后，身体的任何部位不要进入系统运行可达范围之内。

3）系统运行中，不要人为干扰系统的传感器信号，否则系统可能不能正常运行；系统运行不正常时，及时按下"急停"按钮，必要时关闭电源模块的电源开关。

模块 7　PLC 控制 ABB 机器人运行实训

7.1　机器人搬运与装配工艺流程

7.1.1　手动模式

1）首先将 3 个工件按图 7-1 所示进行摆放。

2）在触摸屏上单击"搬运"按钮，ABB 机器人按事先存入的示教程序完成搬运任务，如图 7-2 所示。

图 7-1　工件摆放位置

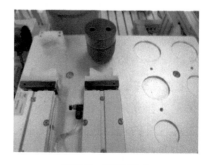

图 7-2　搬运完成

3）在触摸屏上单击"装配"按钮，ABB 机器人按事先存入的示教程序完成装配任务，如图 7-3 所示。

4）在触摸屏上单击"搬运成品至下一工位"按钮，ABB 机器人按事先存入的示教程序完成搬运任务，如图 7-4 所示。

图 7-3　装配完成　　　　　　　　图 7-4　搬运成品至下一工位完成情况

7.1.2　自动模式

在触摸屏上单击"自动"按钮，ABB 机器人按事先存入的示教程序自动完成搬运、装配和搬运成品至下一工位的任务。

1. 触摸屏界面设计

触摸屏界面如图 7-5 所示，"手动模式"中包含"搬运"和"组装"按钮。按下"搬运"按钮，机器人实现搬运功能；按下"组装"按钮，机器人实现组装功能。

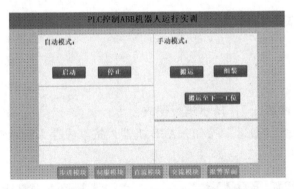

图 7-5　触摸屏界面

2. PLC 通信指令介绍

（1）建立连接并接收数据（TRCV_C）　TRCV_C 指令异步执行并按顺序实施以下功能：

1）设置并建立通信连接。

2）通过现有的通信连接接收数据。

3）终止或重置通信连接。

（2）建立连接并发送数据（TSEND_C）　使用 TSEND_C 指令设置和建立通信连接。设置并建立连接后，CPU 会自动保持和监视该连接状态。

该指令异步执行并顺序实施以下功能：

1）设置并建立通信连接。

2）通过现有的通信连接发送数据。

3）终止或重置通信连接。

3. PLC 调用通信模块

1）PLC 与机器人通信信号含义介绍。通信信号含义见表 7-1。

表 7-1　通信信号含义

PLC 发送	意　义
1	机器人搬运
2	机器人组装
3	机器人搬运成品至下一工位
4	机器人自动完成搬运、组装、搬运成品至下一工位的动作
机器人发送	**意　义**
1	准备完成
2	工作状态

PLC I/O 地址配置见表 7-2。

表 7-2　PLC I/O 地址配置

输 入 点	信　号	说　明	输 入 状 态	
			ON	OFF
I1.4	Ib_真空吸附夹具检测开关	真空吸附夹具检测开关	有效	无效
输 出 点	信　号	说　明	输 出 状 态	
			ON	OFF
Q4.0	ob_RB_Send1	停止信号	有效	无效

2）建立全局变量表，如图 7-6 所示。

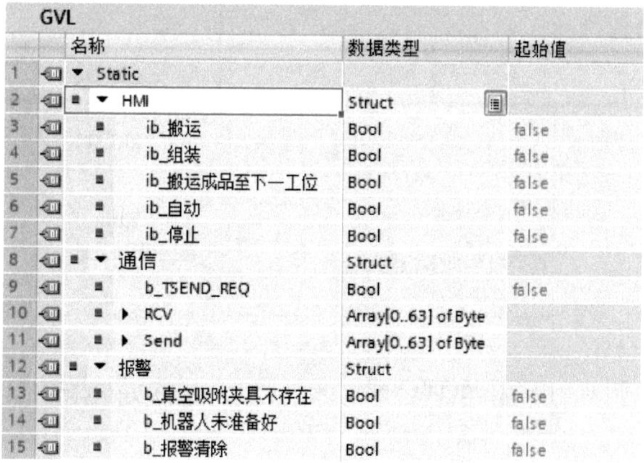

GVL

	名称	数据类型	起始值
1	▼ Static		
2	▼ HMI	Struct	
3	ib_搬运	Bool	false
4	ib_组装	Bool	false
5	ib_搬运成品至下一工位	Bool	false
6	ib_自动	Bool	false
7	ib_停止	Bool	false
8	▼ 通信	Struct	
9	b_TSEND_REQ	Bool	false
10	▸ RCV	Array[0..63] of Byte	
11	▸ Send	Array[0..63] of Byte	
12	▼ 报警	Struct	
13	b_真空吸附夹具不存在	Bool	false
14	b_机器人未准备好	Bool	false
15	b_报警清除	Bool	false

图 7-6　全局变量表

7.1.3 程序编写

1）执行函数块，具体步骤如下：

① 执行函数块接口变量，如图 7-7 所示。

		名称	数据类型	默认值
	执行			
1	▼	Input		
2	■	<新增>		
3	▼	Output		
4	■	<新增>		
5	▼	InOut		
6	■	<新增>		
7	▼	Static		
8	■ ▼	P_TRIG	Struct	
9	■	1	Bool	false
10	■	2	Bool	false
11	■	3	Bool	false
12	■	4	Bool	false
13	■	5	Bool	false
14	■ ▼	发送数据请求	Struct	
15	■	1	Bool	false
16	■	2	Bool	false
17	■	3	Bool	false
18	■	4	Bool	false
19	▼	Temp		
20	■	iCnt1	Int	
21	■	iCnt2	Int	
22	▼	Constant		
23	■	<新增>		

图 7-7　执行函数块接口变量

② 搬运程序如图 7-8 所示。

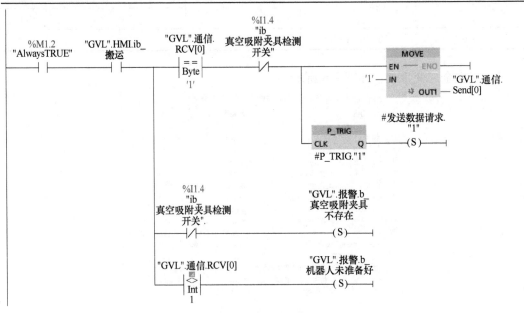

图 7-8　搬运程序

③ 组装程序如图 7-9 所示。

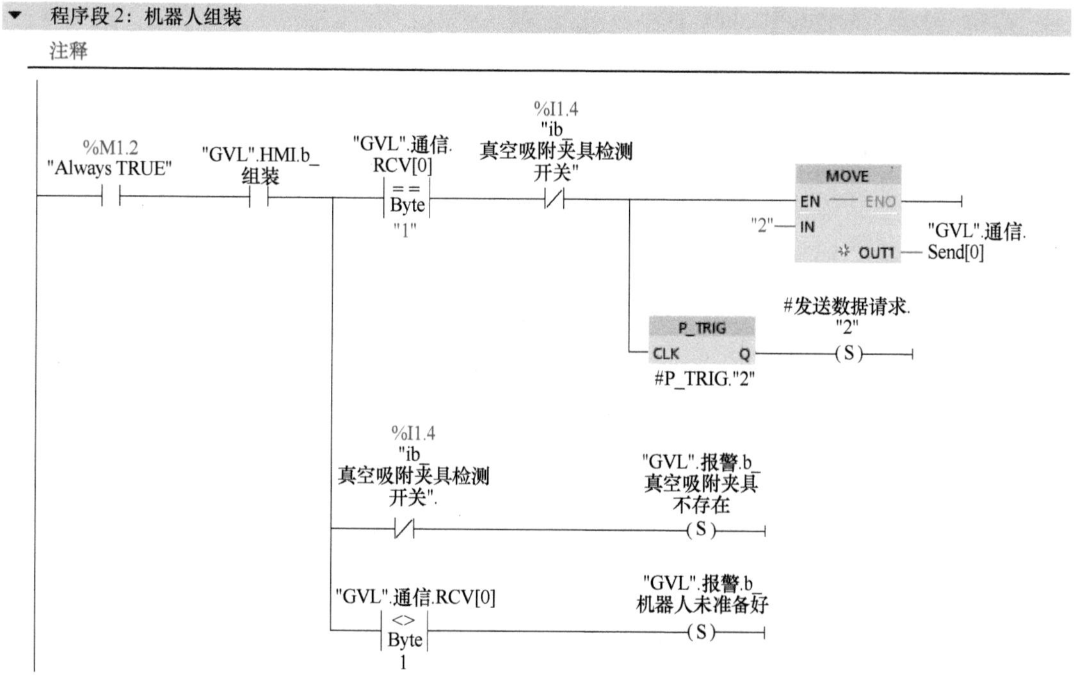

▼　程序段 2：机器人组装
　　注释

图 7-9　组装程序

④ 搬运成品至下一工位程序如图 7-10 所示。

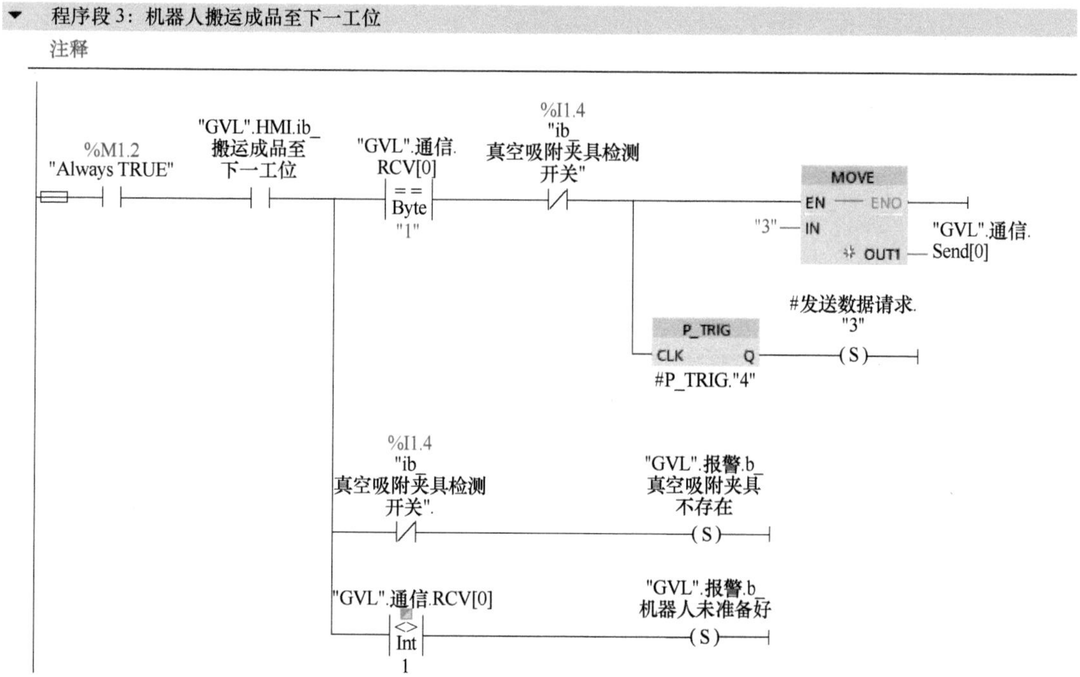

▼　程序段 3：机器人搬运成品至下一工位
　　注释

图 7-10　搬运成品至下一工位程序

⑤ 自动程序如图 7-11 所示。

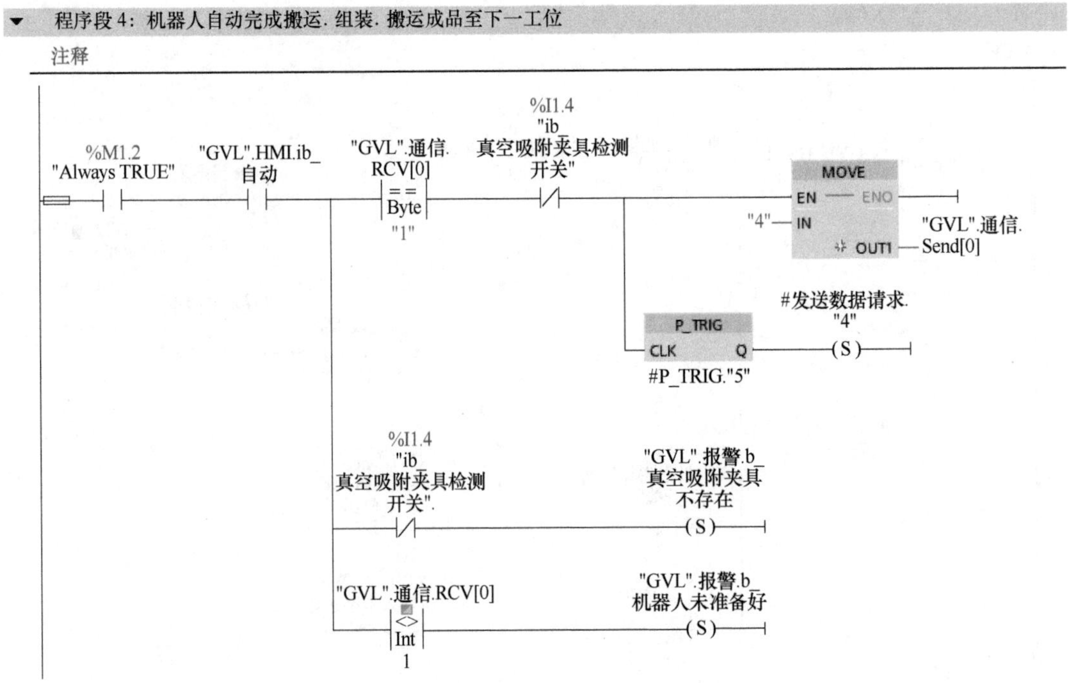

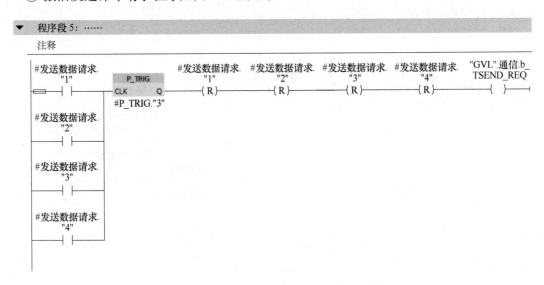

图 7-11　自动程序

⑥ 激活发送命令请求程序如图 7-12 所示。

图 7-12　激活发送命令请求程序

⑦ 停止程序如图 7-13 所示。

2）库文件调用。

① 首先打开 Main 程序，其次单击右侧中部的库，最后单击打开"全局库"，如图 7-14 所示。

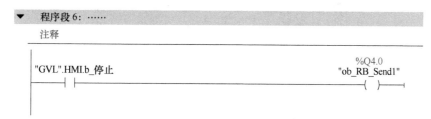

图 7-13　停止程序

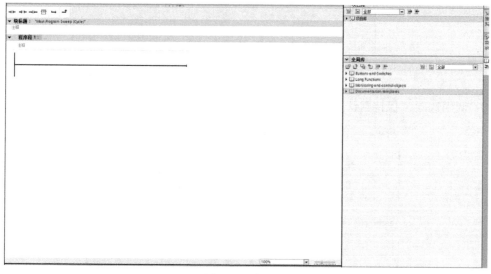

图 7-14　全局库

② 选择桌面的 AIP 文件夹，再选择"SOCKET"文件夹，双击"SOCKET"导入，如图 7-15所示。

图 7-15　打开全局库

③ 单击全局库中"SOCKET"左侧的黑色箭头，单击"主模板"→"V1"，最后双击"SOCKET 通信"进行导入，如图 7-16 所示。

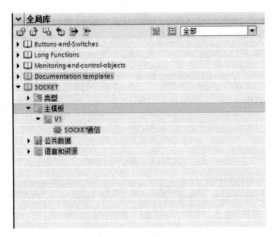

图 7-16　选择全局库

④"调用选项"保持默认，单击"确定"按钮。图 7-17 所示为调用全局库。

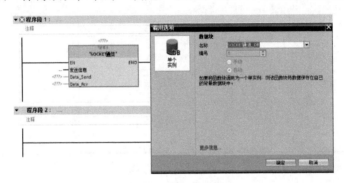

图 7-17　调用全局库

⑤ 最后填写实际参数，并调用执行程序到 Main 程序中，如图 7-18 所示。

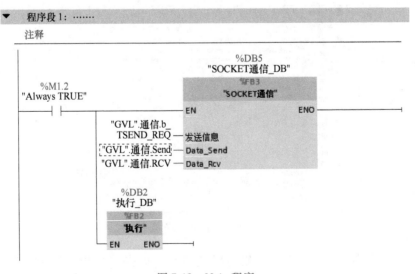

图 7-18　Main 程序

7.1.4　程序调试

1）用西门子编程电缆将 PLC 和计算机进行连接。

2）下载 PLC 和触摸屏程序。

3）启动机器人，运行机器人程序。

4）按下"搬运"按钮，程序开始控制机器人进行搬运。

5）按下"组装"按钮，程序开始控制机器人进行组装。

6）如果需要停止，按下机器人示教器的"停止"按钮。

7）有意外情况发生时，可按下"急停"按钮，或断开系统电源。

8）学生可以在教师的指导下参考本例编写自己的程序，然后下载到 PLC 中。

7.2　注意事项

1）要注意中英文符号，输入标点符号时，需要使用英文标点符号。

2）在实训教师的指导下进行实训。

3）机器人运行期间，身体的任何部位都不要进入系统运行可达范围之内。

4）如果发生意外情况，可按下机器人示教器的"急停"按钮。

模块 8　工业机器人智能工作站综合编程实训

8.1　实训任务

　　工业机器人智能工作站工艺流程如图 8-1 所示。

8.1.1　触摸屏界面编写

　　图 8-2 所示为触摸屏主界面，包含手动与自动模式的切换和 6 个子模块界面，可以进入到子模块界面中进行单独操作。为实现自动流程，程序固定出 3 套工件，需要将程序中待出库数目输入为 "9"。首先单击 "复位" 按钮，然后确认待出库数目为 "9"。机器人也进行复位并且开始运行，等待 PLC 发送的指令。最后单击 "启动" 按钮以启动系统。

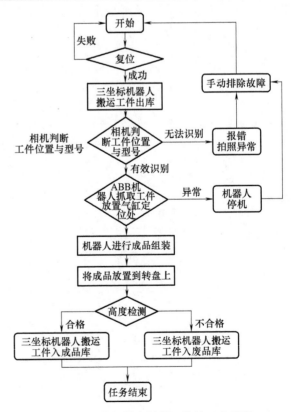

图 8-1　工业机器人智能工作站工艺流程

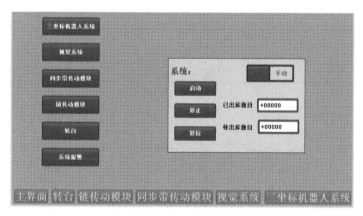

图 8-2　触摸屏主界面

8.1.2　编写 PLC 程序

1）建立 PLC 变量表，步骤如下：在博途软件中，添加新变量表，根据表 8-1 所示的 PLC 硬件地址配置表进行逐项输入，并且做好注释。图 8-3 所示为 I/O 变量；图 8-4 所示为相机变量，根据相机的组态地址建立；图 8-5 所示为三坐标机器人及仓库变量，根据表 8-1 及设备实际硬件接线建立；图 8-6 所示为全局变量表，为全局数据块。

表 8-1　PLC 硬件地址配置表

输入点	信号	说明	输入状态	
			ON	OFF
I5.0	XELP	步进电动机 X 轴正限位开关	有效	无效
I5.1	YELP	步进电动机 Y 轴正限位开关	有效	无效
I5.2	ZELP	步进电动机 Z 轴正限位开关	有效	无效
I1.0	码垛机步进 Y 轴_归位开关	步进电动机 X 轴负限位开关	有效	无效
I1.1	码垛机步进 Z 轴_归位开关	步进电动机 Y 轴负限位开关	有效	无效
I0.7	码垛机步进 X 轴_归位开关	步进电动机 Z 轴负限位开关	有效	无效
I0.3	链传动_拍照光电		有效	无效
I0.4	链传动_抓取光电		有效	无效
I7.1	ib_相机拍照完成		有效	无效

（续）

输 入 点	信 号	说 明	输入状态	
			ON	OFF
IW74	ii_ID1	工件是工件 1	有效	无效
IW76	ii_ID2	工件是工件 2	有效	无效
IW78	ii_ID3	工件是工件 3	有效	无效
ID88	ir_N1_A	工件 1 角度	有效	无效
ID80	ir_N1_X	工件 1X 相对原点距离	有效	无效
ID84	ir_N1_Y	工件 1Y 相对原点距离	有效	无效
ID100	ir_N2_A	工件 2 角度	有效	无效
ID92	ir_N2_X	工件 2X 相对原点距离	有效	无效
ID96	ir_N2_Y	工件 2Y 相对原点距离	有效	无效
ID112	ir_N3_A	工件 3 角度	有效	无效
ID104	ir_N3_X	工件 3X 相对原点距离	有效	无效
ID112	ir_N3_Y	工件 3Y 相对原点距离	有效	无效

输出点	信号	说 明	输出状态	
			ON	OFF
Q0.2	码垛机步进 Y 轴_脉冲		有效	无效
Q0.3	码垛机步进 Y 轴_方向		有效	无效
Q0.4	码垛机步进 Z 轴_脉冲		有效	无效
Q0.5	码垛机步进 Z 轴_方向		有效	无效
Q0.6	码垛机步进 X 轴_脉冲		有效	无效
Q0.7	码垛机步进 X 轴_方向		有效	无效
Q2.1	_步进 X_enable		有效	无效
Q2.2	_步进 Y_enable		有效	无效
Q2.3	_步进 Z_enable		有效	无效
Q3.1	链传动_拍照气缸		有效	无效
Q3.2	链传动_抓取气缸		有效	无效
Q2.4	变频器 DI1		有效	无效
Q2.5	变频器 DI2		有效	无效
QW66	交流电动机模拟量		有效	无效
QB5	Obyte_相机采集控制		有效	无效

		名称	数据类型	地址
	滚水线			
1		ib_拍照工位光电开关	Bool	%I0.3
2		ib_抓取工位光电开关	Bool	%I0.4
3		ib_放置工位光电开关	Bool	%I0.5
4		ib_入库工位光电开关	Bool	%I0.6
5		ob_气缸拍照位	Bool	%Q3.0
6		ob_气缸抓取位	Bool	%Q3.1
7		ob_伺服_脉冲	Bool	%Q0.0
8		ob_伺服_方向	Bool	%Q0.1
9		ob_直流启动	Bool	%Q1.0
10		ob_直流方向	Bool	%Q1.1
11		ob_伺服使能	Bool	%Q2.0
12		ob_交流DI1	Bool	%Q2.4
13		ob_交流DI2	Bool	%Q2.5
14		ob_交流DI3	Bool	%Q2.6
15		ob_交流DI4	Bool	%Q2.7
16		ow_直流电动机模拟量	Word	%QW64
17		ow_交流电动机模拟量	Word	%QW66
18		ib_伺服_归位开关	Bool	%I1.2

图 8-3　I/O 变量

		名称	数据类型	地址
	相机			
1		ib_相机拍照完成	Bool	%I7.1
2		ii_ID1	Int	%IW74
3		ii_ID2	Int	%IW76
4		ii_ID3	Int	%IW78
5		ir_N1_X	Real	%ID80
6		ir_N1_Y	Real	%ID84
7		ir_N1_A	Real	%ID88
8		ir_N2_X	Real	%ID92
9		ir_N2_Y	Real	%ID96
10		ir_N2_A	Real	%ID100
11		ir_N3_X	Real	%ID104
12		ir_N3_Y	Real	%ID108
13		ir_N3_A	Real	%ID112
14		obyte_相机采集控制	Byte	%QB5

图 8-4　相机变量

		名称	数据类型	地址
	直角坐标机器人			
1		码垛机步进X轴_归位开关	Bool	%I0.7
2		码垛机步进Y轴_归位开关	Bool	%I1.0
3		码垛机步进Z轴_归位开关	Bool	%I1.1
4		XELP	Bool	%I5.0
5		YELP	Bool	%I5.1
6		ZELP	Bool	%I5.2
7		码垛机步进Y轴_脉冲	Bool	%Q0.2
8		码垛机步进Y轴_方向	Bool	%Q0.3
9		码垛机步进Z轴_脉冲	Bool	%Q0.4
10		码垛机步进Z轴_方向	Bool	%Q0.5
11		码垛机步进X轴_脉冲	Bool	%Q0.6
12		码垛机步进X轴_方向	Bool	%Q0.7
13		_步进X_enable	Bool	%Q2.1
14		_步进Y_enable	Bool	%Q2.2
15		_步进Z_enable	Bool	%Q2.3

图 8-5　三坐标机器人及仓库变量

		名称	数据类型	起始值
		GVL		
1		▼ Static		
2		▼ HMI	Struct	
3		ib_相机拍照气缸	Bool	false
4		ib_气缸I放置位	Bool	false
5		ib_三坐标机器人启动	Bool	false
6		ib_启动	Bool	false
7		ib_停止	Bool	false
8		ib_复位	Bool	false
9		ib_复位中	Bool	false
10		ib_手动/自动模式	Bool	false
11		ib_自检完成	Bool	false
12		▶ P_Trig	Struct	
13		ib_直流电机启动	Bool	false
14		ib_直流电机停止	Bool	false
15		ib_步进电机启动	Bool	false
16		ib_步进电机停止	Bool	false
17		ib_步进电机复位	Bool	false
18		ib_伺服电机启动	Bool	false
19		ib_伺服电机停止	Bool	false
20		ib_伺服电机复位	Bool	false
21		ib_交流电机启动	Bool	false
22		ib_交流电机停止	Bool	false
23		▼ 报警	Struct	
24		b_真空吸附夹具不存在	Bool	false
25		b_循迹模块夹具不存在	Bool	false
26		b_机器人未准备好	Bool	false
22		b_空托盘停止	Bool	false
27		报错停止	Bool	false
28		▼ 相机	Struct	
29		b_拍照	Bool	false
31		b_抓取位工件到位	Bool	false
32		i_拍照数	UInt	0
33		i_计数	UInt	0
34		▶ 数据组	Array[0..4] of "相机数据组"	
35		i_X坐标	Int	0
36		i_Y坐标	Int	0
37		b_清除相机数据	Bool	false
38		b_空托盘停止	Bool	false
39		▼ 信号	Struct	
40		b_下一个工件	Bool	false
41		i_抓取位工件到位计数	UInt	0
42		s_三坐标机器人触发信号	String	""
43		b_三坐标机器人入库信号	Bool	false
44		i_已出库数量	Int	0
45		i_需出库数量	Int	9
46		b_启动	Bool	false
47		b_出库完成反馈信号	Bool	false
48		▼ 电机	Struct	
49		▶ 交流电机	Struct	
50		▶ 步进电机	Struct	
51		▶ 伺服电机	"Axis"	
52		▶ 直流电机	Struct	
53		手动/自动模式	Bool	false
54		▼ 仓库	Struct	
55		▶ info	Array[1..16] of "仓库"	
56		▶ 出库位置	Struct	
57		▶ 入库位置	Struct	
58		▶ 入库仓位	"仓库"	
59		▶ 入库成品好坏	Array[0..4] of Bool	

图 8-6　全局变量表

2）在 Main 程序里直接编写启动变频器和伺服回原点程序，如图 8-7 所示。

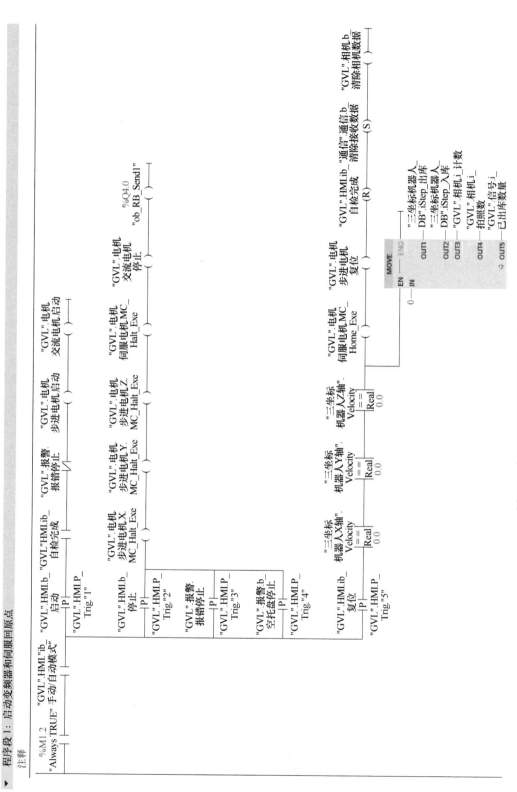

图 8-7　启动变频器和伺服回原点程序

3）相机流水线、三坐标机器人、SOCKET 通信等函数块如图 8-8 所示。

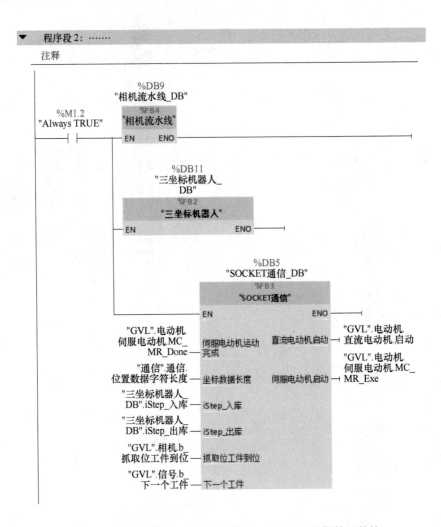

图 8-8　相机流水线、三坐标机器人、SOCKET 通信等函数块

8.1.3　程序调试

1）用西门子编程电缆将 PLC 和计算机连接，打开电源开关。

2）根据实训项目指导书编写 PLC 控制程序和触摸屏程序，并下载触摸屏程序到触摸屏，下载 PLC 控制程序到 PLC。

3）学生可以在教师的指导下参考本例编写自己的程序，然后下载到 PLC。

4）实训完成后，如程序发生更改，应恢复原有的程序，否则系统可能不能正常运行。

8.2　注意事项

1）在实训教师的指导下进行实训。

2）系统通电后，身体的任何部位都不要进入系统运行可达范围之内。

3）系统运行中，不要人为干扰系统的传感器信号，否则系统可能不能正常运行。

4）系统运行不正常时，及时按下"急停"按钮，必要时关闭电源模块的电源开关。

参 考 文 献

［1］蔡杏山. 电气工程师学习手册 ［M］. 北京：化学工业出版社，2019.

［2］刘振全，韩相争，王汉芝. 西门子 PLC 从入门到精通 ［M］. 北京：化学工业出版社，2018.

［3］向晓汉，李润海. 西门子 S7-1200/1500 PLC 学习手册：基于 LAD 和 SCL 编程 ［M］. 北京：化学工业出版社，2018.

［4］李方园. 西门子 S7-1200 PLC 从入门到精通 ［M］. 北京：电子工业出版社，2018.

［5］韩雪涛. 电气控制线路：基础·控制器件·识图·接线与调试 ［M］. 北京：化学工业出版社，2020.

［6］刘振全，王汉芝. 电气控制从入门到精通 ［M］. 北京：化学工业出版社，2020.

［7］高安邦，胡乃文. 电气控制综合实例：PLC·变频器·触摸屏·组态软件 ［M］. 北京：化学工业出版社，2019.

［8］邓则名，谢光汉，高军礼，等. 电器与可编程控制器应用技术 ［M］. 4 版. 北京：机械工业出版社，2016.

［9］韩相争. PLC 与触摸屏、变频器、组态软件应用一本通 ［M］. 北京：化学工业出版社，2018.

［10］张硕. TIA 博途软件与 S7-1200/1500 PLC 应用详解 ［M］. 北京：电子工业出版社，2017.